水と人の列島史

農耕・都市・信仰

松木武彦・関沢まゆみ編

吉川弘文館

はじめに

川や海や雨など、豊かな水に囲まれ河川や湖沼が発達した日本列島の社会と文化は、とくに水稲農耕が始まった弥生時代よりこのかた、水と不可分の関係をもって展開してきました。本書は、その歴史について、歴史学・民俗学・考古学という三つの学問のたがいに異なった方法と視点をもちながらも、同じ歴史科学であるという学術的な基点をもとに「水」という共通の対象を設定した研究協業の産物として、できるだけ豊かに水の世界とその意味を描き出すことを目的としています。とりわけ、これまで、歴史研究において主流だった経済的・政治的側面だけではなく、儀礼・宗教・世界観などの観念的側面を重んじつつ、「水と権力」、「水と異界」、「水と記憶」などをキーワードとして織り込みながら、このたびの共同研究の成果をわかりやすく紹介しています。

まず、考古学と歴史学の手法を主として、水稲農耕が始まった弥生時代から、それを基礎として水田経営、水利灌漑、水の信仰と儀礼、およびそれらによって立つ列島最初の社会統合の到達点としての古代国家の姿を描き出すことを試みています。そして、歴史学と民俗学の視点から、水資源確保のためのため池の記録と伝承、水源祭祀や清水祭祀、水をめぐる異界への観念について、また、歴史的、地域的な観点から本土とは別の文化を育んできた沖縄の事例からその祭祀や伝承を分析し、水をめぐる日本の社会と文化の多彩な姿を示しています。本書が、水と人の生活の歴史についてあらためて考えてみるきっかけになればと思っています。

松木武彦

目次

第Ⅱ部　信仰・儀礼と水

第Ⅰ部

権力・都市と水

第1章　弥生時代の水田稲作

井上智博

はじめに

沖積平野は河川活動によってつくられた地形であり、水はその起伏や生物相の形成に関して、きわめて重要な役割を果たしています。また、そこで暮らす人びとの生活も、水と深いかかわりがあります。弥生時代の人びとは、沖積平野においてどのように水とかかわってきたのでしょうか。本章では水田稲作の展開に着目し、人びとが自然環境変化に適応して、水田経営を持続してきた様子をみていきたいと思います。

今回、事例として取り上げるのは、河内平野（大阪府）の弥生時代水田です。この平野では、これまで多数の発掘調査がなされており、弥生時代の地形や遺跡の動態について、詳しい情報が得られています（図1）。この平野の東部に位置する池島《いけじま》・福万寺《ふくまんじ》遺跡では、二〇ヘクタール以上におよぶ広大な面積の発掘調査が実施され、弥生時代前期から後期までの水田の変遷過程が明らかにされました。この遺跡の調査成果は、弥生時代水田の実態を考えるための重要な手がかりとなります（井上二〇二〇b・c）。本章では、各時期の水田域の特徴を説明したうえで、水田域の動態と周辺の地形変化との関係を検討します。

本章では、沖積平野の自然環境と人間活動に大きな影響を与えた降水量変動についても、最新の研

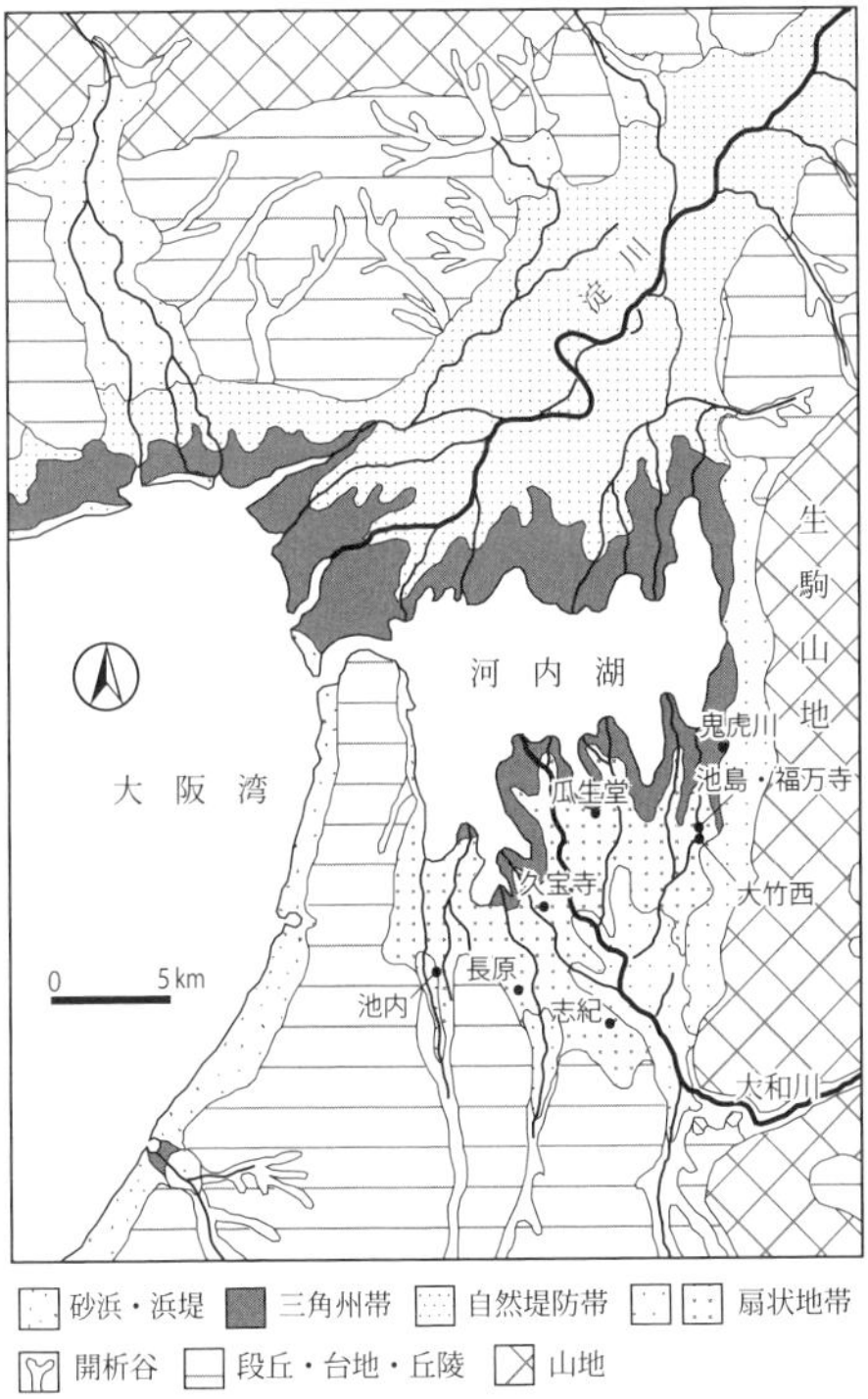

図1　弥生時代中期の河内平野

究成果を紹介します。河川流量は毎年一定ではなく、年ごとの降水量と同調して変動しています。降水量の増加は洪水の頻度を高め、沖積平野の地形変化の原因となります。また、沖積平野の水田は、河川から引いた水を灌漑用水として利用していたので、河川流量の変動は水田経営の根幹にかかわる重要な問題だったと考えられます。最近、樹木年輪の酸素同位体比が夏季の相対湿度や降水量と密接に関連することが明らかになり、紀元前六〇〇年から紀元後二〇〇〇年までの夏季降水量変動が一年単位で復元されました（Nakatsuka et al. 2020）。沖積平野の自然環境や水田に関するこれまでの研究では、降水量変動はあまり考慮されてきませんでしたが、このような高精度の降水量変動データが公表されたことで、研究が大きく前進しつつあります。今回は、それをふまえて降水量変動が弥生時代の水田経営に与えた影響についても考えてみたいと思います。

1　沖積平野の景観と水田の位置づけ

景観要素の分布

まず、沖積平野における「景観」の概念を整理し、その中に水田を位置づけます。

沖積平野において地形や生物相は、それぞれ一定の広がりを有して分布するとともに、相互につながりを持って一つのまとまりをなしています。人間活動の結果である集落や水田なども、その中に含まれます。「景観」とは、一定の空間内における、そうしたまとまりの様相を視覚的にとらえたもの

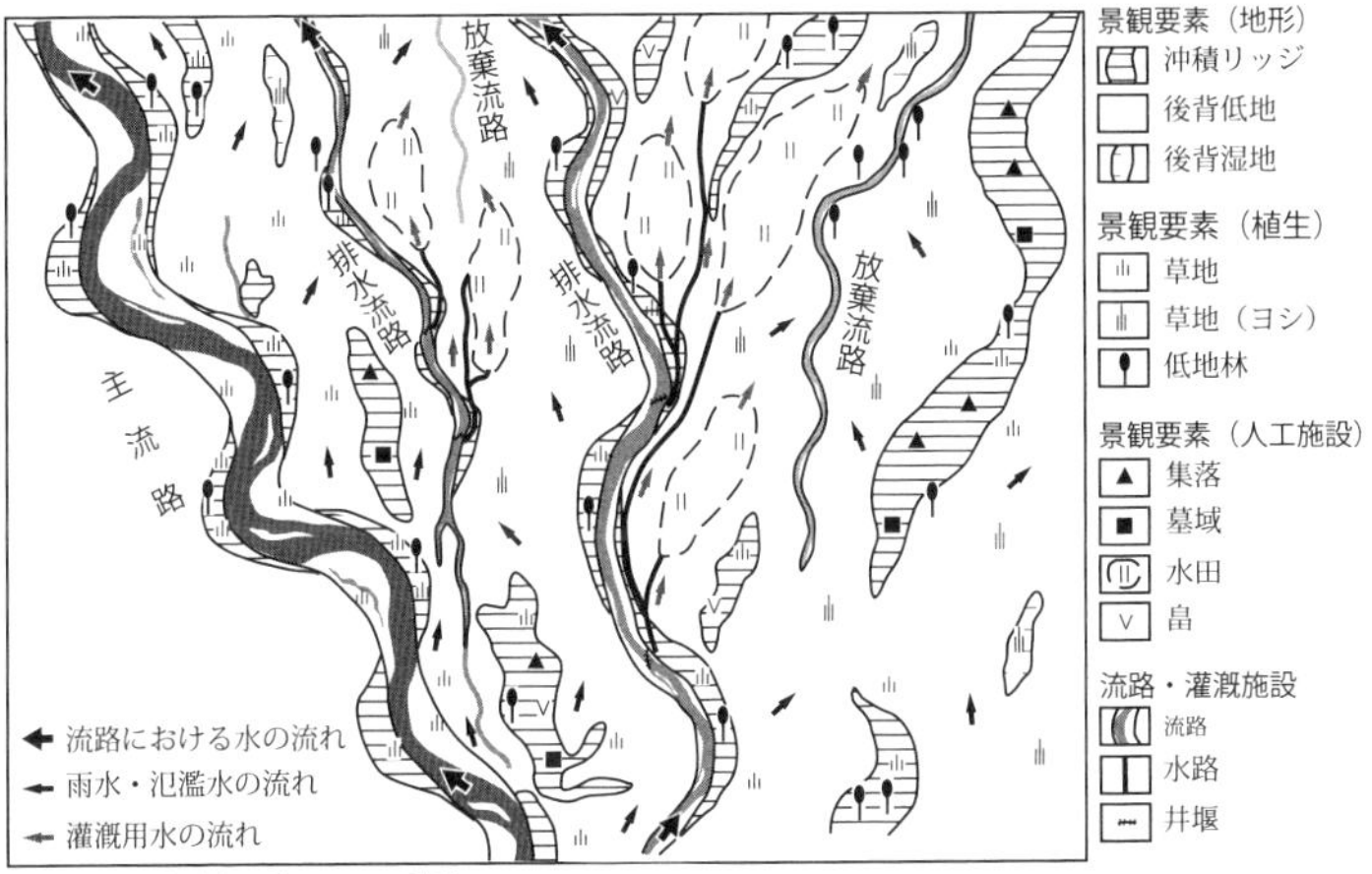

主 流 路：常時水の流れている流路。
排水流路：主流路から溢れた水や、雨水などが流れる流路で、降水量の少ない時期には水の流れがほとんどない。
放棄流路：かつて活発に活動していた流路が痕跡となって残ったもの。

図２　沖積平野の景観模式図

です。景観を構成する地形や動植物、人工的施設などを「景観要素」といいます。沖積平野の景観は、河川活動によって形成された地形と、それに適応した動植物、そして人間がつくった水田などの景観要素が、パッチ状に分布するものであった、と整理することができます。これらの景観要素を結びつけるのは河川であり、そこを流れる水が大きな役割を果たします。

具体的に見ていきましょう（図2）。沖積平野の起伏は、洪水時に砂礫や泥が堆積して高まりができたり、侵食によって窪地ができたりすることで形成されます。高まりは形成場所やメカニズムに着目することでいくつかの種類にわけられますが、ここではそれらを「沖積リッジ」と総称しておきます。沖積リッジに挟まれた空間や、水流の侵食によって生じた窪地は、水はけが悪くなり、低湿な場所になります。こうした土地を「後背低地《こうはい》」あるいは「後背湿地」と呼びます。これらの場所には、それぞれの土地条件に適応した動植物が生息域を広げます。たとえば、沖積リッジの上には比較的乾燥した場所を好む草や樹木、後背低地にはヨシやヤナギのような水の多い環境を好む植物が多くみられるようになります。このような景観要素は、洪水が起こるたびに攪乱《かくらん》され、更新されます。また、洪水の規模が大きく、地形が変化してしまった場合、それに合わせて動植物の分布も変化します。このように、河川活動は景観要素の分布を規定し、その更新や変化も引き起こします。

人工的施設

集落・墓・水田などの人工的施設は、河川活動によって形成された地形に合わせてつくられます。たとえば、沖積リッジ上には集落や墓、後背低地の緩やかな斜面に水田といった具合です。また、大規模な洪水に伴う地形変化は、それらの移動の一因となりました。このように、これらの施設も河川活動に大きな影響を受けていたといえます。

ただし、これらの施設には、ほかの景観要素とは異なる特徴があります。生物は多かれ少なかれ、みずからが生活しやすいように環境を改変します（「ニッチ構築」）が、人間はその規模が大きく、環境を顕著に改変することがあります。たとえば、水田には井堰《いぜき》や水路などの灌漑施設が伴います。それらは河川内の水の流れを一定程度制御するとともに、水を水路に導いて人工的な水の流れをつくり出すものです。その規模は古代以降と比べれば小さいものの、弥生時代においては数百メートル以上ものびる水路が設置されることもありました。また、水田は水の流れや水量を人工的に管理する湿地であり、後背低地の緩やかな斜面を中心に、その面積を広げていきました。そうした人間のつくり出した景観要素は生物相にも影響を与え、水路や水田内を生息域にする魚や、それを捕食するサギやコウノトリが出現した（井上 二〇二〇a）ように、灌漑システムに適応した生態系も形成されました。

江戸時代には、沖積平野の後背低地は大半が水田となり、水田の環境に適応した生物相が顕著に認められるようになっただけでなく、沖積平野の景観形成に重要な役割をはたしてきた河川ですら、人工堤防で固定され、人為的に管理されるようになっていました。しかし、弥生時代にはそのような管理はなされておらず、洪水などの河川活動に対する人間の応答の仕方は異なっていたと考えられます。次に、その具体的な様子を池島・福万寺遺跡の水田の変遷を例にみていきたいと思います。

2　弥生時代における水田の仕組みの変化

水田の構成要素

池島・福万寺遺跡は河内平野東部に位置する遺跡です（図1）。この遺跡では、弥生時代前期中葉（紀元前五世紀）から後期（紀元後二世紀）までの合計九時期の水田が、洪水の砂礫や泥に覆われて見つかっており、水田の変遷を詳しく知ることができます（井上 二〇二〇b・c）。

弥生時代の水田は、水田区画のまとまりである「水田ブロック」、灌漑施設を共有する複数の水田ブロックによって構成される「灌漑ユニット」、一定の地形的なまとまりをなし、水田開発の単位となる範囲である「水田ゾーン」からなっていました（図3）。これらの要素の関係は、灌漑方法の変化と連動して、弥生時代を通じて変化しました。

水田の移り変わり

この遺跡で最初に水田がつくられた弥生時代前期中頃（紀元前五世紀）には、沖積リッジ縁辺の緩やかな傾斜地を中心に水田ブロックが点在し、それぞれに水路が取りつく単純な灌漑の仕組みでした（図3A「Ⅰ類」）。この場合、点在する水田ブロックを包括する水田開発の単位が水田ゾーンといえます。

弥生時代前期後葉〜中期前葉（紀元前四世紀）になると、地形の傾斜に沿って灌漑経路を設定したうえで、その周囲の緩斜面に水田ブロックを複数配置する、灌漑ユニットが形成されるようになりました。その時期の水田ゾーンは、灌漑ユニットを複数含むものでしたが、基本的に水利は各灌漑ユニットで完結しており、灌漑ユニットの独立性が高いという特徴があります（図3B「Ⅱa類」）。このような水田域の構成は、弥生時代中期における主要な水田域の姿であったと思われますが、一方で弥生時代中期中葉（紀元前三世紀）には、弥生時代前期中頃と同じような小規模な水田ブロックが点在していました。このような小規模な水田は、土地の起伏が激しく、水田にできる部分が限定される場所や、

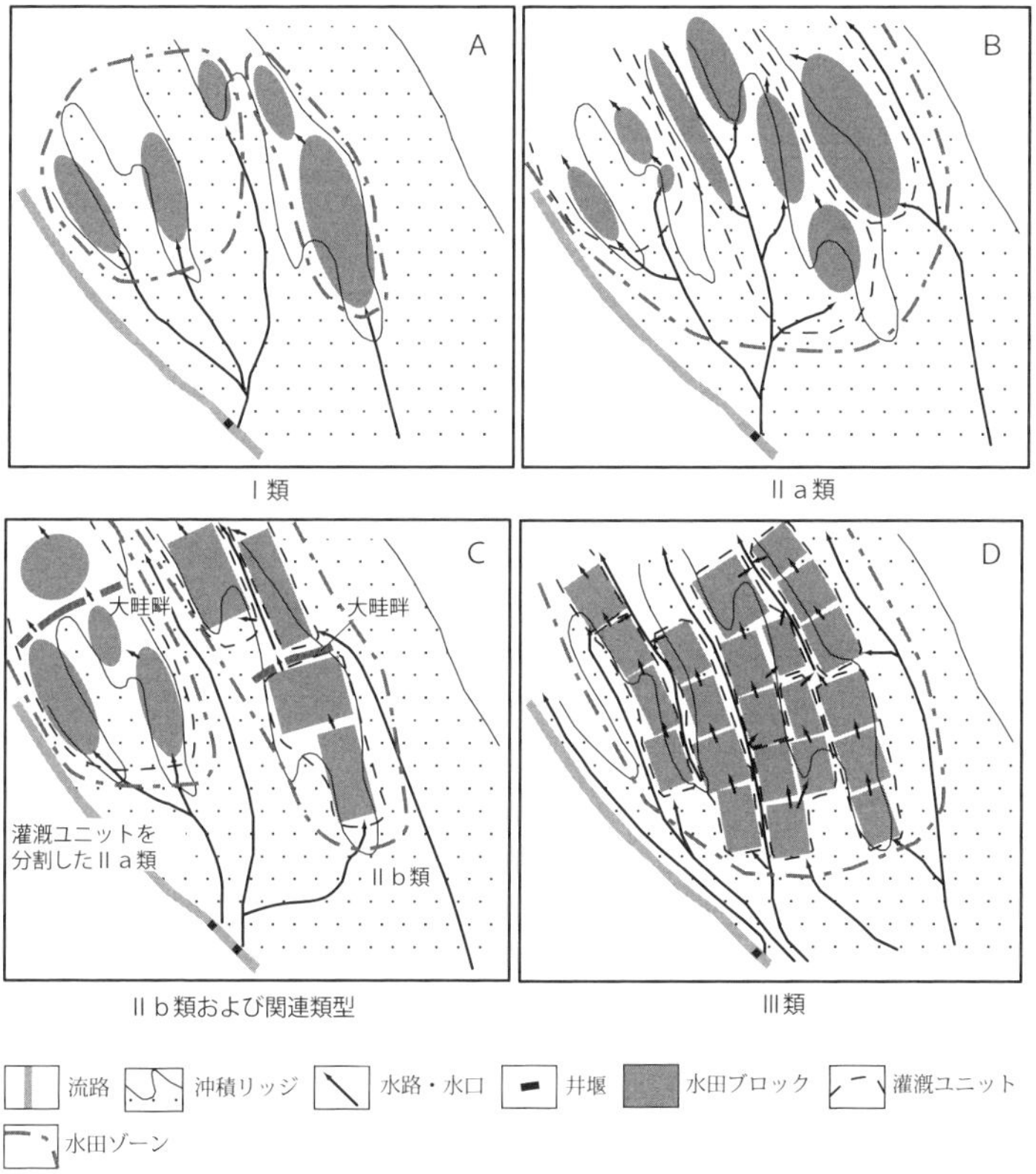

※各図とも、地形は右下から左上に向かって傾斜する。

図３　弥生時代における水田域の仕組みの変化

河川から離れていて灌漑条件が悪い場所など、条件のあまりよくない場所に位置しています。弥生時代中期における複数の灌漑ユニットから構成される水田ゾーンと、小規模な水田ブロックの関係については、後述したいと思います。

弥生時代中期後葉の前半（紀元前二世紀後半〜一世紀前半）の水田も、地形の傾斜に沿って形成された複数の灌漑ユニットが、水田ゾーンを構成していました。しかし、前段階と比べると、灌漑ユニットの範囲内における非耕作域が減少し、水田として耕作される面積が拡大しました。また、灌漑ユニット同志が接することも多くなり、それらの間で水のやり取りを行なうなど、灌漑ユニット間の関係が密接になりました。

水田域の変容

弥生時代中期後葉の後半（紀元前一世紀後半）には、水田域の様相が大きく変わり始めました。それまでの灌漑ユニットは地形の傾斜に沿って灌漑経路を設定するため、傾斜方向に細長く広がっていました。しかし、この時期になると、灌漑ユニット内を地形の傾斜に直交する方向の大畦畔や水路で分割し、その細分した単位ごとに水田開発が進められるようになりました（図3C左側「灌漑ユニットを分割したⅡa類」）。なお、中期末〜後期初め頃（紀元後一世紀前葉）の水田は池島・福万寺遺跡ではみつかっていませんが、河内平野南部の久宝寺《きゅうほうじ》遺跡や志紀《しき》遺跡ではみつかっています。それらをみると、地形傾斜に直交する大畦畔や水路によって分割された単位に灌漑水路が取りついており、分割単位が新たな灌漑ユニットへと変化したことがわかります（大庭 二〇二一、図3C右側「Ⅱb類」）。

弥生時代後期中葉（紀元後一世紀後半）には、水田域の様相がさらに変化しました。水田ゾーン内は複雑な水利系統にもとづき、水田ブロックが一定の範囲内に整然と配置されました。しかも、水路との関係からみて、水田ブロックは三〜四個集まって灌漑ユニットを構成していることもわかりました。前段階までの水田ブロックの面積は地形に合わせて面積も形状もさまざまでしたが、この時期のものは比較的面積がそろっており、耕作集団（世帯？）に対応する耕作単位として明確化したと考えられます。また、それらを包括する灌漑ユニットも排水路を共有するなど、密接な関係をもって配置されていました（図3D「Ⅲ類」、図4）。

3　水田域の動態と自然環境変化

水田の休耕と放棄

こうした水田域の変化をみると、水田稲作は弥生時代を通じて順調に発展していったように思われるかもしれません。しかし、その実態はそう単純なものではなかったことが明らかになりつつあります。

池島・福万寺遺跡の弥生時代後期後葉の水田（図4）は、洪水で運ばれてきた泥や砂で埋没していました。その堆積物を取り除いたところ、水路から水田ブロックに水を送るための水口のうちの一つ

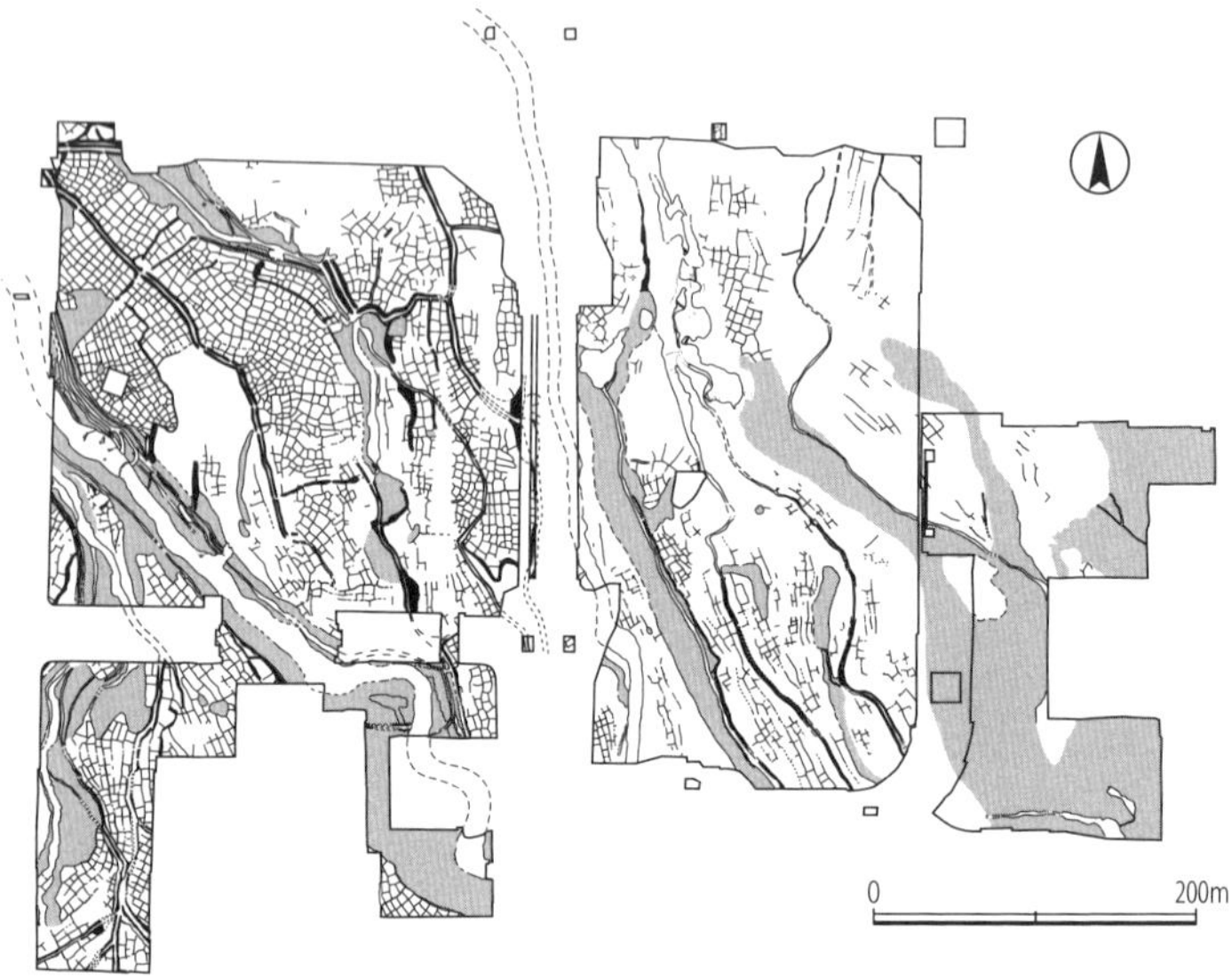

図４　弥生時代後期後葉の水田（池島・福万寺遺跡）

が人為的に埋められ、導水できない状態になっていたことがわかりました。これは、その水洪水で水田域が埋没する直前には、その水田ブロックは休耕または放棄されていたことを示すと思われます。このような水田ブロックや灌漑ユニットの部分的な休耕や放棄は、弥生時代後期だけでなく、前期・中期にもあったと考えられます。前期中頃の水田ブロックは点在しており、それらすべてを一つの井堰から取水した水で灌漑することは難しく、同時に耕作された水田ブロックは少数だったと考えられます。また、中期の水田では、水田ブロック単位での休耕や放棄に加えて、独立性の高い灌漑ユニットが休耕や放棄の単位になることもあったと想定されます。

それでは、何が原因で水田の休耕・放棄

がなされたのでしょうか。地力の低下や雑草の繁茂なども原因として考えられますが、灌漑に利用できる水量の変動も主な原因としてあげられます。つまり、雨が少ないために水不足になったり、洪水に伴って河川の位置が移動し、水を得にくくなったりすることが、水田の休耕や放棄につながったと想定できるのです。

また、水田は、洪水による埋没や後背低地の地形変化、あるいは河川流量の変化、流路位置の移動に合わせて、移動を繰り返したことも明らかになっています。

移動する水田域

ここで、池島・福万寺遺跡の水田を、周辺遺跡の動向と合わせてみていきます。この遺跡の南東約一キロの場所には大竹西《おおたけにし》遺跡があり、この遺跡でも弥生時代の水田が検出されています。両遺跡における水田の時期を比較すると、池島・福万寺遺跡で大規模な水田が営まれていない時期には大竹西遺跡にそれが存在した、という興味深い事実が明らかになりました（図５）。つまり、水田は一度つくられると、ずっとその場で継続するわけでなく、時期によって移動していたのです。また、弥生時代中期中葉には、主要な水田域は大竹西遺跡にあった一方で、池島・福万寺遺跡には小規模な水田ブロックが点在していたことがわかりました。

以上のような、弥生時代を通じて進展していった灌漑システムや水田域の仕組みと、自然環境変化の影響を受けて休耕や放棄、移動を繰り返す水田域のイメージは、一見すると矛盾するようにも思え

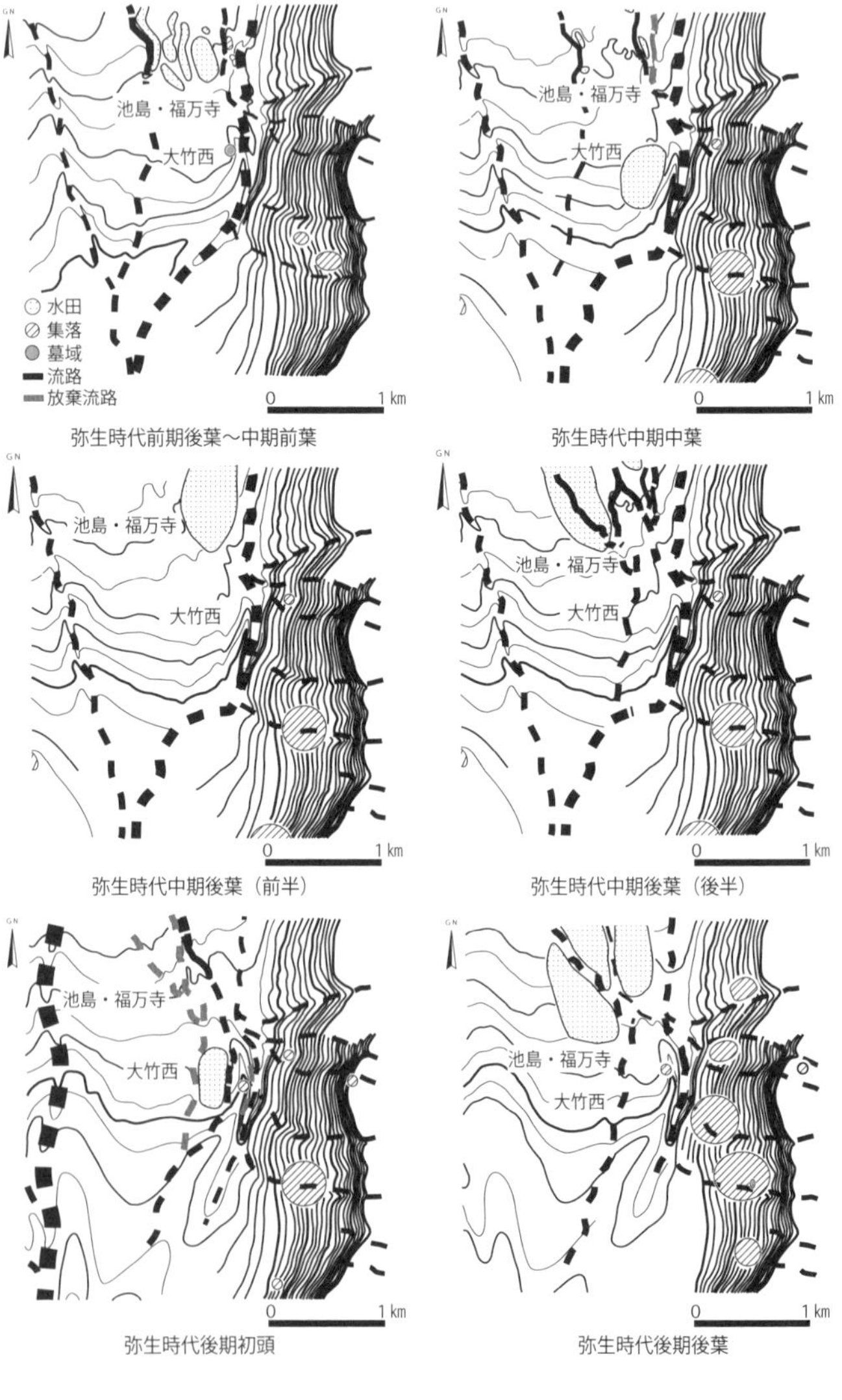

図５　池島・福万寺遺跡周辺における水田域の移動

ます。しかし、私は、このような二つの側面を有することが、弥生時代水田の本質なのではないかと考えています。それを理解するためには、河川活動の要因である降水量変動の実態を明らかにし、それと水田の変遷との関係を検討する必要があります。そこで次に、最近になって研究が大きく進展した、樹木年輪の酸素同位体比変動データを用いてこの問題を検討していきたいと思います。

4　弥生時代における降水量変動と水田の動態

酸素同位体比からみえる気候変動

過去の気温や降水量は、今となっては測定できません。したがって、古気候学者は、それらの変動を敏感に反映する別の指標（代替指標《だいたいしひょう》）を分析することで、それらを復元します。

最近、樹木年輪に含まれるセルロースの酸素同位体比変動が、夏季の相対湿度・降水量変動の代替指標となることが明らかになりました（中塚　二〇二一）。酸素には質量数一六・一七・一八の安定同位体が存在しますが、このうちの酸素一六に対する酸素一八の比を酸素同位体比といいます。酸素同位体比と相対湿度・降水量との間には強い負の相関関係があることがわかりました。つまり、酸素同位体比が大きい場合は乾燥傾向で降水量が少なく、それが小さい場合には湿潤傾向で降水量が多い、という関係にあるのです。このことに着目して、年輪一本ごとの酸素同位体比を測定して、その変動のあり方が明らかにされました。現状では、中部日本の樹木を使って紀元前六〇〇年から紀元後二〇〇

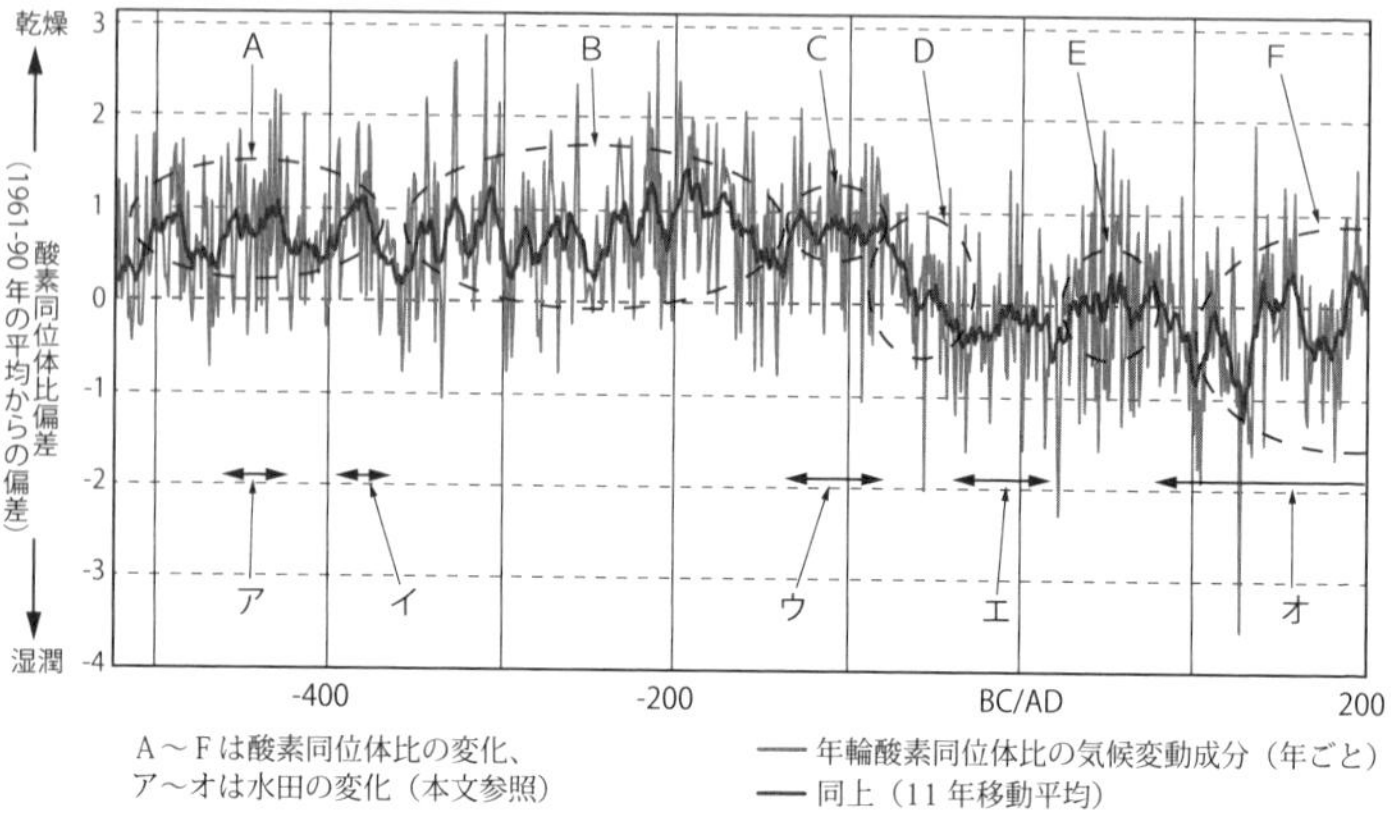

A～Fは酸素同位体比の変化、
ア～オは水田の変化（本文参照）

図６　中部日本における樹木年輪酸素同位体比変動と水田の変化

○年までの酸素同位体比変動データが公表されています（Nakatsuka et al. 2020）。これは、中部日本における最も高精度の降水量変動復元データといえます（図6）。ちなみに図6では、年ごとの値と、一一年移動平均値の二つをグラフに表示しています。後者は、その年と前後五年分の値を平均したもので、数十年程度の時間スケールでの変動がはっきり読み取れます。これは、考古資料の年代スケールとも近いため、考古学データと降水量変動を対比する際には、こちらを参照した方がわかりやすいと思われます。なお、例外的な時期はあるものの、夏季の降水量と気温の間には、降水量が多い時には気温が低く、降水量が少ない時には気温が高い、という関係があります。この関係に着目すれば、樹木年輪の酸素同位体比の変動は気温変動の目安にもなります。

降水量変動の画期

図6のグラフをみると、弥生時代における降水量の変

動には、いくつかの画期が存在することが読み取れます。弥生時代前期中葉〜後葉にあたる紀元前五世紀〜四世紀前半には、降水量が数十年周期で大きく変動していました（図6A）。次の弥生時代中期前葉から中葉（紀元前四世紀中頃〜二世紀中頃）には、十〜二十年程度の周期で降水量が変動していました（図6B）。変動の周期は前段階よりもやや短めですが、変動の幅は同様に大きかったようです。そして、その後の弥生時代中期後葉の前半（紀元前二世紀後半〜一世紀初頭）は変動の幅が小さくなり、乾燥した気候条件がしばらく継続したことがわかります（図6C）。

これらの時期の降水量変動と、本章で述べてきた水田域の様相を対比すると、次のようになります。現在のところ、河内平野で見つかっている最も古い水田は前期中葉のもので、数十年周期で降水量が変動した時期にあたります。今後、さらに古い時期の水田が検出される可能性もあるため、河内平野における水田稲作の導入のきっかけについては議論できませんが、現在知られている最も古い水田の一群は、紀元前五世紀中頃の乾燥傾向が強い時期のものである可能性があります（図6ア）。つまり、乾燥傾向が強く、気温も高い状態がしばらく続いたことが、河内平野各地に水田が拡散することを可能にしたとも考えられます。池島・福万寺遺跡では、この時期の水田の埋没後（紀元前五世紀後半頃か?）、後背低地の部分は水位が上がって低湿化し、ヒシが生息するような水域になる部分もありました。この時期には、水田域面積が小さくなり、沖積リッジ周辺の比較的水はけがよい場所で、小規模な水田ブロックが営まれました。そして、弥生時代前期後葉には安定した土地条件へ移行し、独立性の高い灌漑ユニットが複数集まって構成される水田ゾーン（「Ⅱa類」）が出現しました（図6イ）。

弥生時代中期前葉〜中期中葉においては、降水量は十〜二十年程度の周期で大きく変動していました。図6のグラフで、酸素同位体比が大きくプラスに振れている時期には降水量が少なく、乾燥していた一方、マイナスに振れている時期には降水量が多く、湿潤な状態であったと考えられます。前者の場合、気温が上がってイネの生育には条件がよく、生産量の増加が期待できる一方で、干ばつが生じやすくなります。後者の場合、日照不足や、イネの葉が長時間水没することによる生育障害が発生しやすいうえ、洪水発生の危険性も高まります。

この時期の主要な水田域は、独立性の高い灌漑ユニットが複数集まって構成される水田ゾーンであり、その周囲の条件の悪い場所には小規模な水田ブロックが点在していました。前述したように、このような水田域においては、灌漑ユニット単位で休耕・放棄・移動することが容易だったと考えられます。また、生産の中核となる主要な水田域は河川に近いため、洪水の被害を受けやすかったと思われます。主要な水田域の周辺に小規模な水田ブロックを配置したことは、洪水などによって水田域が全滅するリスクを軽減するためだった可能性があります。前述したように、池島・福万寺遺跡では、弥生時代前期中葉の水田の埋没後の低湿化に伴って水田域面積が減少し、小規模な水田ブロックが点在するようになりました。環境の悪化に備えて水田域を分散化する方法は、そうした経験の中から発展してきたのかもしれません。

一方、弥生時代中期後葉の前半には乾燥傾向が強かったものの、比較的安定した気候条件が続いたと考えられます。この時期には、灌漑ユニット内部の耕作面積が広がるとともに、灌漑ユニット同士の関係も複雑化しました（図6ウ）。この時期には水田域の面積が広がったようで、河内平野南部では、中期後葉後半にかけて水田域の面積が弥生時代を通じて最大となったことが明らかにされています（大庭 二〇二二）。こうした現象は、安定した気候条件のもと、水田開発が進展していったことを示すと思われます。

激しい降水量変動

ところが、その後、降水量に大きな変動が起こりました。紀元前八〇年頃から紀元前三〇年頃にかけて、酸素同位体比はほぼ一方的に低くなっていきました（図6D）。これは降水量が急激に増加していったことを示しています。その後、紀元後一世紀前半には、全体としては酸素同位体比は高く、乾燥傾向が強かったものの、数年周期で激しく変動しました（図6E）。そして紀元後二世紀に入ると、数十年周期で酸素同位体比が激しく変動しました（図6F）。このように、紀元前一世紀から紀元後二世紀にかけての時期には、周期の異なる降水量変動が次々と起こったのです。

紀元前一世紀後半～紀元後一世紀初頭にあたる弥生時代中期後葉後半～末には、河内平野では大きな地形変化が起こりました。河内湖の水位が上がって、瓜生堂《うりうどう》遺跡や鬼虎川《きとらかわ》遺跡といった沿岸部の集落が水没するとともに、池島・福万寺遺跡周辺の低地も低湿化しました。このため、これらの地域では可耕地が減少したと考えられます。また、河内平野南部の久宝寺遺跡周辺では、弥生時代中期末～後期初め頃には頻繁に洪水が起こるようになり、可耕地が減少したことが明らかにされています（大

庭 二〇二二)。こうした現象の原因となったのは、降水量の増加であったと思われます。

前述したように、池島・福万寺遺跡では、弥生時代中期後葉の後半には、地形の傾斜に直交する大畦畔や水路で灌漑ユニットを分割する水田が現れました(図6エ)。それは低湿な場所につくられており、減少した可耕地を有効に利用するための工夫であったように思われます。そして、弥生時代中期末〜後期初めには、そうした分割単位は独自の灌漑水路を有する灌漑ユニットへと変化していきました(「Ⅱb類」)。

後期前葉にあたる紀元後五〇年前後の数十年間は、数年周期で降水量が大きく変動しました。この時期の人びとは、こうした短周期の変動に対応しつつ、可耕地の有効利用という前段階からの課題に取り組んだと考えられます。また、この時期は全体的に乾燥傾向が強く、より効率的な水利用と灌漑施設の強化も課題になったと想定されます。弥生時代後期中葉に出現した水田の仕組み(「Ⅲ類」)は、そうした課題に対応したものでした(図6オ)。それは、複雑な灌漑系統にもとづき、水田ブロック・灌漑ユニット・水田ゾーンによって構成される重層的な水田域の仕組みでした。その成立に際しては、複雑な灌漑システムに合わせて、耕作集団の労働編成も変化したと思われます。さらに、そうした灌漑システムを維持し、干ばつ・洪水などの災害にも対応するためには、水田経営の指導者の役割が一層重要になったと想定されます。なお、このような形態の水田は、岡山県百間川《ひやっけんがわ》遺跡群でもほぼ同時期に成立しており、河内平野だけでなく、少なくとも西日本各地に相次いで出現した可能性があります。弥生時代後期には地域間の交流が活発化したことが明らかになっていますが、こうした社会動向とも関連しながら、水田域の仕組みの変化が進行した点は、水田経営の変化と社会変化との関連性を考えるうえで注目されます。

ただし、そのようなタイプの水田も、紀元後二世紀における数十年周期の激しい降水量変動の影響で、不安定な経営を強いられたようです（井上 二〇二〇b）。池島・福万寺遺跡では、紀元後二世紀前葉には四つの水田ゾーンからなる広大な水田域が広がっていましたが、洪水によって水田域全体が埋没し、その後、二つしか水田ゾーンが復旧されませんでした。また、紀元後二世紀中葉に起こった洪水ではそれらも埋没し、その後一つの水田ゾーンしか復旧されませんでした。放棄された水田ゾーンを耕作していた集団の移動先は不明ですが、水田ゾーン単位で移動しようとすれば、耕作面積が大きいため、今までよりも遠くへ移動する場合もあった可能性が高く、周辺の耕作集団との調整が必要になったと考えられます。洪水に伴う水田の移動や、新たな灌漑システムの構築にあたっては、他の耕作集団との調整も含め、水田経営の指導者の力量が試されたと想像されます。弥生時代後期中葉に成立した水田域の仕組みは古墳時代にも引き継がれていきますが、こうした危機的状況にどのように対応し、水田経営を継続していったかについては、さらに詳しい分析が必要です。

おわりに――弥生時代水田から学ぶこと――

水田は沖積平野の景観要素の一つであり、降水量変動や河川活動の影響を常に受けていました。したがって、降水量変動をはじめとする自然環境変化に適応して、水田経営を持続させていくことが、生産量を増加させることと同じくらい重要な課題であった、と考えられます。水田経営は安定的なものではなく、飢饉の発生によって社会混乱が引き起こされることもしばしばあったと思われます。しかし、その中で新たな水田域の構成や灌漑システムが形成されていき、水田経営の仕組みは変化していきました。

最近よく聞くようになった言葉の一つに、「レジリエンス」があります。これは、一つのシステムが衝撃や攪乱を吸収し、基本的な機能と構造を維持する能力を示す用語ですが、衝撃や攪乱を受けたシステムが環境変化に適応し、新たなシステムに再組織化される「適応サイクル」の概念も含んでいます（ウォーカー、ソルト 二〇二〇）。たびかさなる自然環境変化の影響を受けながらも、それに適応した水田のシステムをつくりだすことができた弥生時代の稲作技術は、まさにレジリエンスの高いシステムであったと評価できると思います。

沖積平野の景観は、弥生時代以降、大きく変化していきました。特に、室町時代以降は後背低地にしめる水田面積の割合が大きくなり、河川自体も人工堤防によって固定化されて、灌漑システムの中に取り込まれていきました。河内平野ではさらに、高度経済成長期以降、都市開発が進み、水田面積は激減しました。今や、河川活動で形成された地形は人間社会の中に取り込まれ、その存在を普段意識することはほとんどありません。しかし、そうした状況においても河川は氾濫し、地形に応じた洪水の被害が発生して、社会に大きな影響を与えることがあります。

これまでの洪水対策は、堤防の強化によって河川活動を抑え込む方法が中心でしたが、それには限界があります。そこで近年は、河川堤防の一部を低くして、そこからあふれた水を一定区域に貯留する「多目的遊水地」のような施設もつくられています。そこは通常時は運動場や公園などとして利用されます。そのため、植栽や流路の造成によって、新たな生物相が形成されています。また最近は、さらに進んで、自然環境の本来持っている機能を活用する、「グリーンインフラ」による防災対策も進められています。こうした災害対策は、沖積平野に新たな生態系をつくり出すことにつながり、人びとの生活やまちづくりにも影響を与えると思われます。

近年は、毎年のように各地で大きな自然災害が起きています。こうした中、沖積平野における弥生時代以降の人びとの生活の実態を詳しく知ることは、沖積平野の特徴を理解し、自然環境と人間の関係について考えなおすきっかけになるのではないでしょうか。それは、これからの災害対策やまちづくりのあり方を考える際にも役立つと思われます。弥生時代の人びとが自然環境変化に適応しつつ、水田を持続・発展させてきた姿から、我々が学ぶことはけっして少なくないと思います。

参考文献

井上智博「コウノトリのゆくえ—河内平野の景観変遷からみた人とコウノトリの関係史—」『大阪文化財研究』五三、大阪府文化財センター、二〇二〇年a
井上智博「弥生時代の水田経営と降水量変動」『気候変動から読みなおす日本史』三、臨川書店、二〇二〇年b

井上智博「弥生時代水田の動態と地形変化・降水量変動」『弥生農耕―たんぼとはたけ―』大阪府立弥生文化博物館、二〇二〇年c

大庭重信『弥生・古墳時代の農耕と集団構造』同成社、二〇二一年

ブライアン・ウォーカー、デイヴィッド・ソルト（黒川耕大訳）『レジリエンス思考―変わりゆく環境と生きる―』みすず書房、二〇二〇年

中塚　武『酸素同位体比年輪年代法―先史・古代の暦年と天候を編む―』同成社、二〇二一年

Nakatsuka, T., Sano, M., Li, Z., Xu, C., Tsushima, A., Shigeoka, Y., Sho, K., Ohnishi, K., Sakamoto, M., Ozaki, H., Higami, N., Yokoyama, M. and Mitsutani, T. 2020. A 2600-year summer climate reconstruction in central Japan by integrating tree-ring stable oxygen and hydrogen isotopes. *Climate of the Past*, 16, 2153–2172.

第2章　水から読み解く古墳の世界観
——心の考古学の挑戦——

松木武彦

はじめに

エジプトのピラミッドや中国の皇帝陵は墓でありながら、その形や大きさで人びとの知覚や感情に訴えかけ、心に作用する機能をもっています。人類学や考古学では、これをモニュメントと呼んでいます。三～七世紀の日本列島中央部に現れる古墳もまた、モニュメントの典型例といえます。

本章は、モニュメント研究の中に日本列島の古墳を当てはめ、古墳やその社会についてのより豊かな解釈を導こうとする作業の一つとして、「水」をテーマとして古墳の世界観を復元し、古墳とその社会の理解につなげたいと思います。「水」は、世界各地の先史文化の世界観の中でもほぼ共通して重要な位置づけを与えられており、世界の事例と比較する際の共通項となり、古墳文化の、ひいては日本列島史の普遍性と固有性を描き出すことが可能となります。

まず、古墳時代の人びとが認識したとみられる水の存在の様相を、（1）古墳の内外に実際に存在する「リアルな水」、（2）古墳の内外に存在が示唆される「ヴァーチャルな水」、（3）水と関連する造形や意匠、（4）景観の中における水との空間的関係の四つに分け、その上で、それぞれの空間関係や出土状況などを検討します。その考え方・方法として、ここでは、人であるならばどう考えるか、どう感じるかといった人の心の働きに注目し普遍的な解釈を導く認知考古学の手法を用いて（松本 二〇〇〇）、古墳に埋め込まれた水が人びとにどう認識され、作用してきたのかについて考えてみたいと思います。

1　リアルな水

周堀・周濠のルーツ

古墳において目に見える水の存在は、周堀・周濠（その区別については後述）です。古墳は、弥生時代の墳丘墓の発展と飛躍の結果として現れたもので、そのプロセスはさまざまに復元されています。古墳を構成する要素のうち、墳丘についていえば、もっとも有力なのは、弥生時代後期の二世紀に山陰や吉備などで発達した西日本の墳丘墓に祖型を求める説です（近藤 一九八三）。これに対して私は、大小の異種の墳丘が群在することを古墳の本質とみなした上で、その基本的な様態は、同じ弥生時代後期に関東や東海で盛行する周溝墓群に淵源があり、それと西日本の墳丘墓の要素が結合することによって古墳が現れたと考えました（松木　二〇二二a・b）。

これらの中で、水をたたえる周堀・周濠のルーツは、ふつうは丘陵上に築かれる西日本の墳丘墓よりも、低地に造られることの多い関東や東海の周溝墓群に求められます。これら低地の周溝墓群の周堀（周溝）には、後の大型前方後円墳の周濠のようにつねに湛水があったとは考えにくいですが、雨後などには一時的な滞水があった可能性が高いと思われます。これらの周堀の掘削は、水回りの土木作業であり、その道具や技術や認識は耕地開発のノウハウと共通するのです。この点から、〈田（をつくる）〉と〈堀（をうがつ）〉は、文脈を共有できる行為と推定されます。

水にかかわる祭祀の場としての周堀

このような周溝墓群は、弥生時代後期の終末近くには奈良盆地にも営まれます。定型化した大型前方後円墳の出現直前とその併行期に当たる三世紀前半から中葉にかけては、さらにその上位に、「纏《まき》向《むく》型前方後円墳」（寺沢　一九八八）とよばれる、低平あるいは短小な前方部で特徴づけられた一群の墳墓が築かれるようになります。

奈良盆地南東部を中心にして発達したこれらの纏向型前方後円墳には、墳丘をめぐる周堀があり、それらのうち石塚古墳（奈良県桜井市）では、周堀に水を取り込むための取水溝とされる施設があることから、少なくとも一時的には湛水していた可能性が高いといえます。石塚古墳の周堀からは、掘削

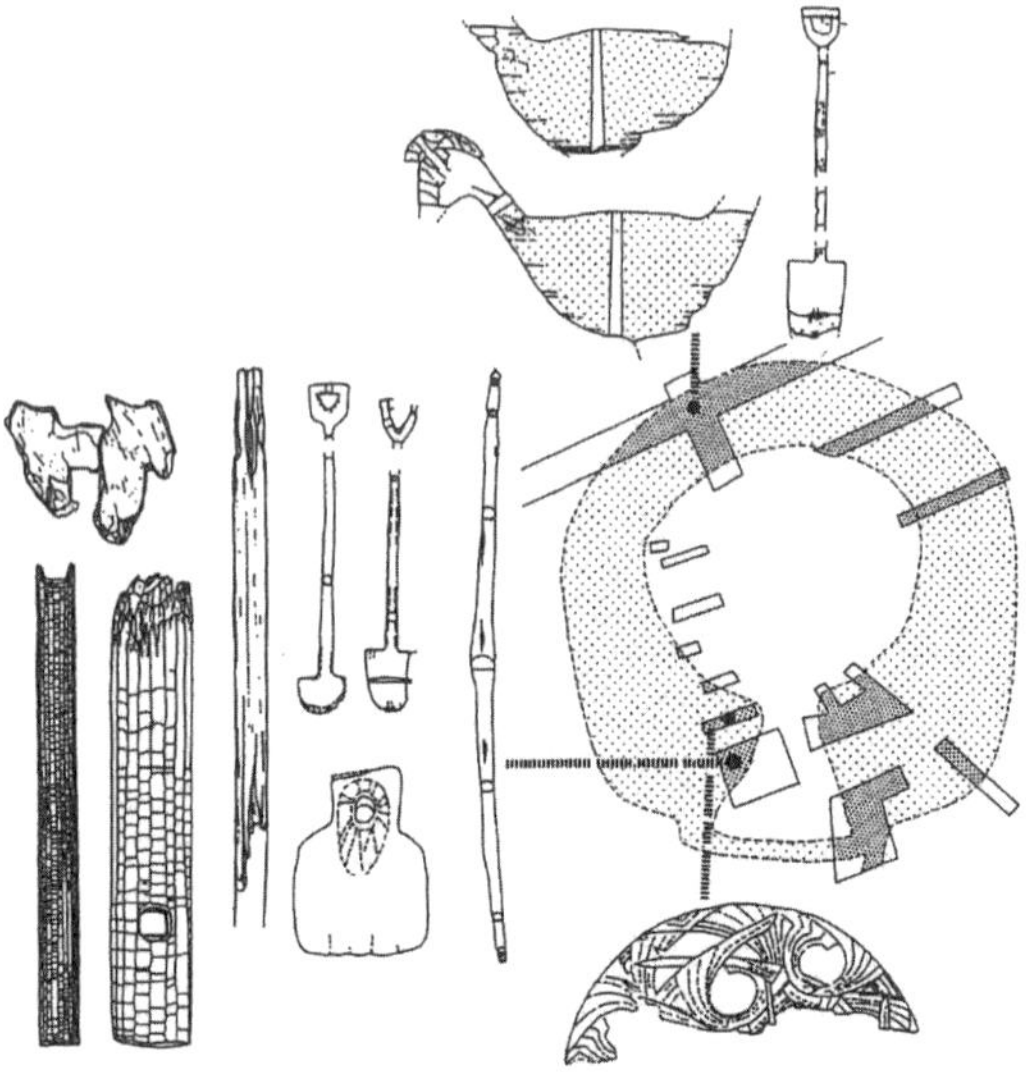

図1　石塚の周堀と出土木製品（石野 2011 より）

に用いられたともみられる木製の鋤《すき》・鍬《くわ》などの農具（開墾具）と、弧線をモチーフとする文様を刻んだ円形の板（弧文円板）や鶏形木製品が出土しました（寺沢・橋本・丹羽・木場編 二〇一二）（図1）。勝山古墳（桜井市）でも、槽形のほか団扇形やU字形など、実用性よりも心理的な役割が想定される木製品が発見されています。同様の遺物は、一帯に広がる纏向遺跡の土坑群にも同じように埋棄されていて、その背景に固有の「儀礼」行為が推定され（石野編 二〇〇五）、少なくともその一部は湧水と結びついた水辺・水場での祭祀的役割を担った可能性が指摘されています（山崎 二〇二二）。そうであるならば、同じ「水辺・水場」であるこの段階の纏向型前方後円墳の周堀もまた、水にかかわる祭祀の場という同じ性格を帯びていた可能性が高まるでしょう。つまり、弥生時代後期の周溝墓群で成立していた〈田（を拓く）〉と〈堀（をうがつ）〉に、〈水（をまつる）〉が加わった強固な意識が、纏向遺跡の纏向型前方後円墳の周堀をめぐっては成立していたと考えられるのです。

「周濠」の成立

これら纏向遺跡の纏向型前方後円墳群の近く、三世紀中頃〜後半、定型化した最初の大型前方後円墳とされる箸墓《はしはか》古墳（奈良県桜井市）が築かれます。長さ二七八メートル・高さ三〇メートルの墳丘の周囲を幅およそ一〇メートルの内側周堀と、一部で幅一五メートル前後の盛土部分をもつ幅広い周堤がめぐり、さらにその外周を、不整形ながら最大幅一〇〇メートルを測るもう一重の外側周堀が取り巻いています（寺沢編 二〇〇二、福辻 二〇一二）（図2）。

内側周堀からは木製農具が出土しており、纏向型前方後円墳の周濠以来の伝統的な手続きや場の性格を受け継いでいるようすが見てとれます。ただし、墳丘の規模に比して内側周堀の幅は著しく細く、墳丘周囲の地盤が後円部側から前方部側にかけてゆるやかに低くなっていることを受けてか、渡土手によって数ヵ所に区切られています。このように墳丘規模に比べて著しく幅が狭い形態の堀を、あたらめて「周濠」と規定し、それは「巨大な前方後円墳である箸墓古墳において成立した可能性が高」いと指摘されています（福辻 二〇一二）。

周濠が、意図的に設計された最初の巨大モニュメントである箸墓古墳において出現したということ

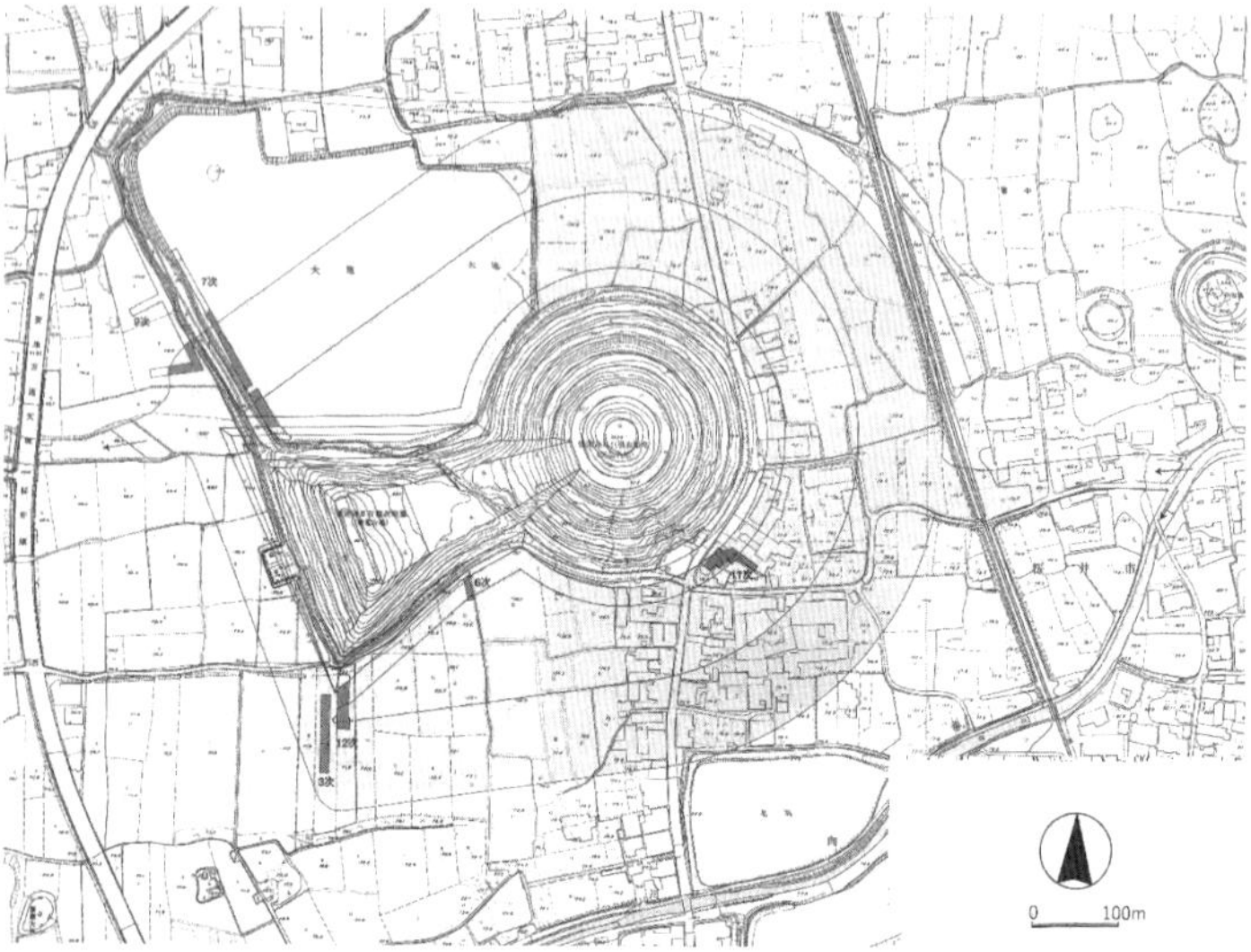

図２　箸墓の周濠（福辻 2022，一部改変）

になると、造形の中に当初から組み込まれた一種のデザインと認識されていた可能性があるでしょう。

墳丘に比べて細く、渡土手で階段状に区切られながら全周するデザインが典型的にみられるのは、箸墓に後出する四世紀前半〜中葉の大型前方後円墳である柳本《やなぎもと》行燈山《あんどんやま》古墳（奈良県天理市）と渋谷《しぶたに》向山《むこうやま》古墳（同）で、幕末の修陵による改変はありますが、階段状に全周するというデザイン自体は当初からのものであったと考えられます（福辻 二〇二二）。両墳は箸墓と同様の、前方部側から後円部側へと高くなる傾きをさらに極端にした地形に築かれ、前方部の中・上段が後円部の下・中段に取り付くために、前方部側（平地側）からみれば、手前から奥へ（後円部頂上へ）向けて段状にステップアップしていく視覚上の構図、すなわち「前—後」と「上—

下」といった物理的な体感が複合的に盛り込まれたデザインになっています。注目されるのは、これを取り巻く周濠もまた、「水の段築」ともいうべき、奥に向かってステップアップする段状にデザインされていることです。箸墓から柳本行燈山古墳、渋谷向山古墳、そして盆地北部の五社神古墳（奈良市）へと受け継がれる過程で、〈田（を拓く）〉〈堀（をうがつ）〉〈水（をまつる）〉という周堀にまつわる伝統的な認識は、上記のデザインが喚起する新しいイメージおよびその感覚によって上書きされた可能性が高いと思われます。柳本行燈山古墳の周濠からは特殊な銅板、渋谷向山古墳の周濠からはいわゆる碧玉製の石枕がそれぞれ発見されており、貴重財のデポという新しい行為と結びついていた可能性はありますが、正確な出土状況などは不明であり、周濠がどう認識されていたかを復元する材料はまだ不足しているのが現状です。

この形態の周濠は、規模の点では歴代最上位級となる上記の大型前方後円墳四基（箸墓古墳・柳本行燈山古墳・渋谷向山古墳・五社神古墳）にほぼ限定され、それに準じる西殿塚《にしとのづか》古墳（天理市）および桜井茶《さくらいちゃ》臼山《うすやま》古墳（桜井市）・メスリ山古墳（同）や奈良盆地以外の各地の大型前方後円墳には認められません。このことは、この形態の周濠が、エリートの中でもとくに上位の身分を物質的に表示するものとして考えられていた可能性をうかがわせます。また一方で、「田（を拓く）」「堀（をうがつ）」という、纏向型前方後円墳以来の意識と形態を残した周堀も、より下位や地方の古墳を中心に長く残存し、それは中期の古墳の周堀から木製の農具が出土する例（鈴木 二〇〇六）などから明らかです。

墳丘を同一水面で全周する周濠

周濠の次の展開は、四世紀後葉にみられます。ほぼ完全な平地に築かれる大型前方後円墳に、墳丘を同一水面で全周する周濠が伴うようになるのです。奈良盆地北部の宝来山《ほうらいさん》古墳（奈良県奈良市）、西部の築山《つきやま》古墳（奈良県大和高田市）・巣山古墳（奈良県広陵町）、中央部の島の山古墳（奈良県川西町）、および大阪平野の津堂城山《つどうしろやま》古墳（大阪府藤井寺市）が、その初期の例として挙げられます。細いことが特徴であった前段階の周濠が、墳丘の外形に忠実に沿った前方後円形であったの対して、これらの周濠は幅が広くなり、その外郭線は墳丘の外形から独立して両側辺が直線に走る「盾形」の輪郭をもつようになります。すなわち、視野を占める面積比率が大きくなると同時に、その形もモニュメントの本体である墳丘から独立することから、周濠の意味づけがクローズアップされた状況が推測できるのです。

これと同時に、墳丘の本体は後円部の三段と前方部の三段が上・中・下同じ高さで連続して、完全に一体の三段築成となることは重要です。周濠の水面のラインにかぶさる斜面とテラスの塁層ラインが、周濠の外側からみると、奥行きをもった水平線の重なりとなって、前の段階の細い階段状の周濠とは異なった視覚上の構図が強調されるのです。広い水面とその向こうの墳丘がかもし出す「あちら-こちら（彼-我）」のイメージ・感覚が、この構成の中に織り込まれたことになります。さらに、巣山古墳や津堂城山古墳でみられるように、後述の島状遺構や水鳥形・船形埴輪など、「あちら（墳丘）」と「こちら（周濠岸）」の中間に、水に関連する明確な表象が埋め込まれ、そこを経由地とした「起点-経路-終点」の感覚を喚起するのですが、それについては、3節「水に関連する造形」に譲ります。

埋葬施設の排水溝

周濠のように見えるものではありませんが、リアルな水の存在が前提となるものに、埋葬施設に付設された排水溝があります。墓壙や石室からの排水を意図したもので、竪穴系の埋葬施設では、竪穴式石室の一角や墓壙《ぼこう》の中軸あるいは隅から墳丘外表面につながる溝を掘り、そこに多くの場合は礫を詰め、その上部を板石や粘質土などで覆った状態で埋めて、暗渠《あんきょ》排水溝としています。古墳時代後半期から普及する横穴式石室では、床面中軸に沿って溝状の施設を設け、玄室内から羨門《せんもん》外側に向けての排水溝とする例がしばしばあり、これらは、石蓋《いしぶた》をもつ場合もありますが、多くは暗渠でなく開渠です。以上のほか、六世紀前半の今城塚《いましろづか》古墳（大阪府高槻市）のように、墳丘盛土内のところどころに石積みを設けて排水を意図した造作も少数ですがみられます。

現在のところ、明確な暗渠排水溝の初現例として考えられるのは、弥生時代後期の二世紀に築かれた大型の墳丘墓である楯築墓《たてつきぼ》（岡山県倉敷市）です。円丘部中央に設けられた中心主体の木槨《もっかく》を内包する墓壙の隅から礫を充塡した暗渠の溝が南西方向に延びていく状況が検出されたのですが、末端は未確認です。また、これとは別に、南西突出部の北面に、同様の暗渠排水の末端とみられる部分が検出されていて、中央部が未調査の南西突出部に設けられた未知の埋葬施設に属するものと推測されています（近藤編　一九九二、宇垣　二〇二二）。楯築墓にみられる木槨の暗渠排水溝について、中国や朝鮮半島からの影響を説く意見もあります（鐘方　二〇〇三）。

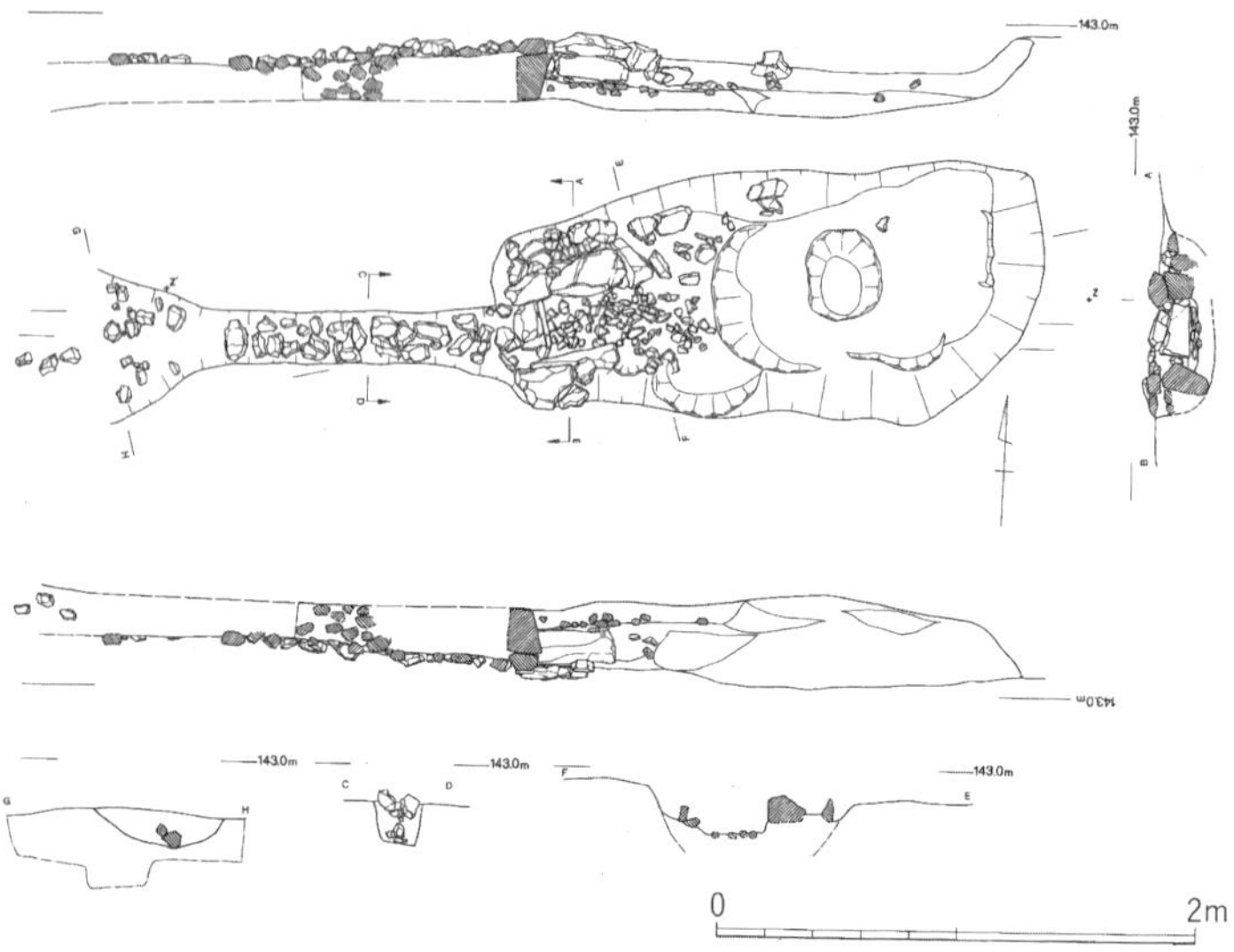

図３　長法寺南原古墳の小型竪穴式石室と暗渠排水溝（福永 1992）

三世紀中葉に定型化した当初の奈良盆地における大型前方後円墳の暗渠排水溝については、調査例がなく詳細はよくわかりません。ただし、七つ圦一号墳（岡山県岡山市）（近藤・高井編　一九八七）や丸井古墳（香川県さぬき市）（小林・花谷編　一九九一）など、同じ時期の各地の初期前方後円墳に例があり、やや時期が下る前方後方墳ではありますが下池山古墳（奈良県天理市）（卜部編　二〇〇八）など、奈良盆地においても確認されています。

暗渠排水溝は、竪穴式石室をもつ前期、すなわち三～四世紀の前方後円墳や前方後方墳に多いですが、すべてに設けられているわけではなく、その採用はきわめて選択的かつ限定的である点から、竪穴式石室や墓壙からの排水技術として物理的・構造的に必須であった可能性は低いと考えられます。長法寺南原《ちょうほうじみなみばら》古墳（京都府長岡京市）の前方部の小型竪穴式石室に設けられた暗渠排水溝の例を見ると、この石室は、長さ推定一七〇センチ・幅三〇センチと小型で、木棺を内蔵していた可能性は低く、通常は暗渠排水溝が付設されるような高ランクのものではありません。また、暗渠排水溝底の勾配は鈍く、そのレヴェルは末端部を除くと石室構築時の掘り込みの底部よりも高いので、有効な排水機能は想定しにくいのです。中心埋葬である後方部の竪穴式石室には長大な暗渠排水溝が設けられていることから、実質上の理由ではなく、被葬者間の密接な関係を示すために付けられたものでしょう（図3）（福永 一九九二、松木 一九九二）。暗渠排水溝が実質上ではなく象徴的な意味を持っていたことを示す事例で、そうであるとすれば、暗渠排水溝は古墳の内部に存在するリアルな水ではなく、次の第2節で取り上げる「ヴァーチャルな水」に含めて考えるべきでしょう。

2　ヴァーチャルな水

水の流れる先

先に見たとおり、二世紀の弥生墳丘墓に初現をもち、三世紀中葉から四世紀にかけて竪穴式石室をもつ前方後円墳・前方後方墳を中心にみられる暗渠排水溝は、リアルではなく、ヴァーチャルな水の流れを表象するものであった可能性が高いと思われます。墳丘内においてその起点と終点の位置をみると、前方後円墳・前方後方墳の場合は、その中央の埋葬施設が起点、前方部上やくびれ部の斜面が終点となる例が多いです。このことについて、菅谷文則が最短距離の優先という機能的な理由を考えたのに対し（菅谷 一九七三）、君嶋俊行は、くびれ部も含めた前方部の方向へと流すという象徴的な方向づけの存在を推測しました（君嶋 二〇〇四）。君嶋の見解は妥当でしょうが、くびれ部を末端とする例が過半を占め、前方部上を末端とした場合もくびれ部へと続く傾斜に沿った流れが想定されることから、「谷」状になったくびれ部がヴァーチャルな水の流下先としてとくに意識されていた可能性が高いと考えられます。つまり、被葬者の身体付近に発し、くびれ部の谷に湧き出して流下するヴァーチャルな水の流れが、表象として前方後円墳と前方後方墳の墳丘には埋め込まれていたと考えられるのです。

「谷」としての古墳のくびれ部分

注目されるのは、四世紀後葉から五世紀前半にかけて現れる導水施設形埴輪が、このくびれ部の谷の「下流」部分にしばしば配置されるということです。百舌鳥《もず》御廟山《ごびょうやま》古墳（大阪府堺市）・心合寺山《しおんじやま》古墳（大阪府堺市）・行者塚古墳（兵庫県加古川市）・金蔵山古墳（岡山県岡山市）・宝塚一号墳（三重県松阪市）などが明確な事例で、赤土山古墳（奈良県天理市）では、くびれ部ではありませんが、後円部に付設された二つの突出部の間の谷間状部分に置かれていました。導水施設形埴輪は、古墳時代初頭の三世紀から後期の六世紀にかけて各地に痕跡が認められる、木製の樋と槽に水を通す行為を実施したとされる施設をかたどったものです。この行為の内容については、諸説を整理した穂積裕昌によると、水にかかわる祭祀、特別な水の採取、禊《みそぎ》、殯《もがり》、トイレ、産屋、糞尿散布の諸説がありますが（穂積 二〇二二）、いずれにしても水を介在させる行為であり、その場所をかたどった埴輪がくびれ部の谷に置かれていることは、そこにヴァーチャルな水の流れを当時の人びとが認識していたことの反映とみられます。暗渠排水溝と導水施設形埴輪は盛行の時期が異なりますが、両者の存続期間の一部は重なっており、いずれもくびれ部の谷を流下するヴァーチャルな水の表象であることには違いありません。したがって、そのような認識と言説が、暗渠排水溝が盛行する三世紀後半～四世紀後葉（古墳時代前期）から、導水施設形埴輪が盛行する四世紀後葉～五世紀前半（古墳時代中期前半）を通じて存在していたと推測できるのです。

くびれ部を、水が流れ下る「谷」とみる意識は、その両側の高まりである後円部と前方部をともに「山」とみる意識と自動的に一体です。後円部は、その形状から「山」になぞらえられていた可能性は高いですが、くびれ部を「谷」とする意識が生み出されて定着した後は、前方部もまた「山」とみる意識が発生し、それをさらに可視的に示すために前方部の高さの増加が促進されたという推測が成り立ちます。つまり、前方部の高さの増大の背景として、元来は「墓道」であった前方部についての意識が上書きされ、墳丘全体の意味も「山とそれに至る道」から「二つの山」へと移り変わっていった可能性があるでしょう。

なお、先にリアルな水の表象として詳しくみた奈良盆地や大阪平野の大型前方後円墳の周濠に対して、ヴァーチャルな水の表象としての空濠が、四世紀後葉～五世紀後半にかけて、各地の前方後円墳やその変形である帆立貝形古墳を中心に、多く認められるようになります。リアルな周濠からの類推、雨後の一時的滞水を目にする経験、その形態に埋め込まれた「容器」のイメージ・認識などを媒介に、そこに水の表象が埋め込まれていたことはほぼ疑いなく推測できます。全周しないようなわずかな空濠であっても、たとえば五世紀前葉の宝塚一号墳（三重県松阪市）において、くびれ部の墳裾に船形埴輪が置かれていた事実などは（福田・松葉編 二〇〇五、穂積 二〇一七）、その推測を裏づけてくれます。近畿中央部以外では、大型の前方後円墳であってもリアルな水の周濠の例はごく少ないですが、ヴァーチャルな水の表象としての空濠は広く普及しており、水をめぐる古墳の世界観は近畿中央部とほぼ共有されていたと考えられます。

3　水に関連する造形

船形埴輪の登場

大阪平野や奈良盆地の大型前方後円墳は五世紀前半に巨大化のピークに達します。先に述べたように同一平面の広大な周濠にリアルな水を湛えますが、そこにも新たな水の表象が配置されるようになります。導水施設形埴輪とほぼ同時に現れて盛行する船形埴輪と水鳥形埴輪がその明確な例で、水そのものではありませんが、水とのかかわりを想起させる器物です。

船形埴輪について、宝塚一号墳の事例を詳しくみると、前方部北側のくびれ部に近接して、前方部側縁と土橋でつながった方形の島状遺構（出島状遺構）があり、その西辺とくびれ部および前方部とのあいだの裾に一個体、反対側に当たる東辺と前方部とのあいだの裾にもう一個体、計二個体の船形埴輪が置かれていました（福田・松葉編 二〇〇五）（図4）。いずれも、島状遺構と墳丘本体の斜面に挟まれて谷状もしくは入江状の地形と認識される場所で、墳丘を取り巻くヴァーチャルな水面から墳丘上へとアプローチする船の発着点と見立てられていた可能性が高いでしょう。

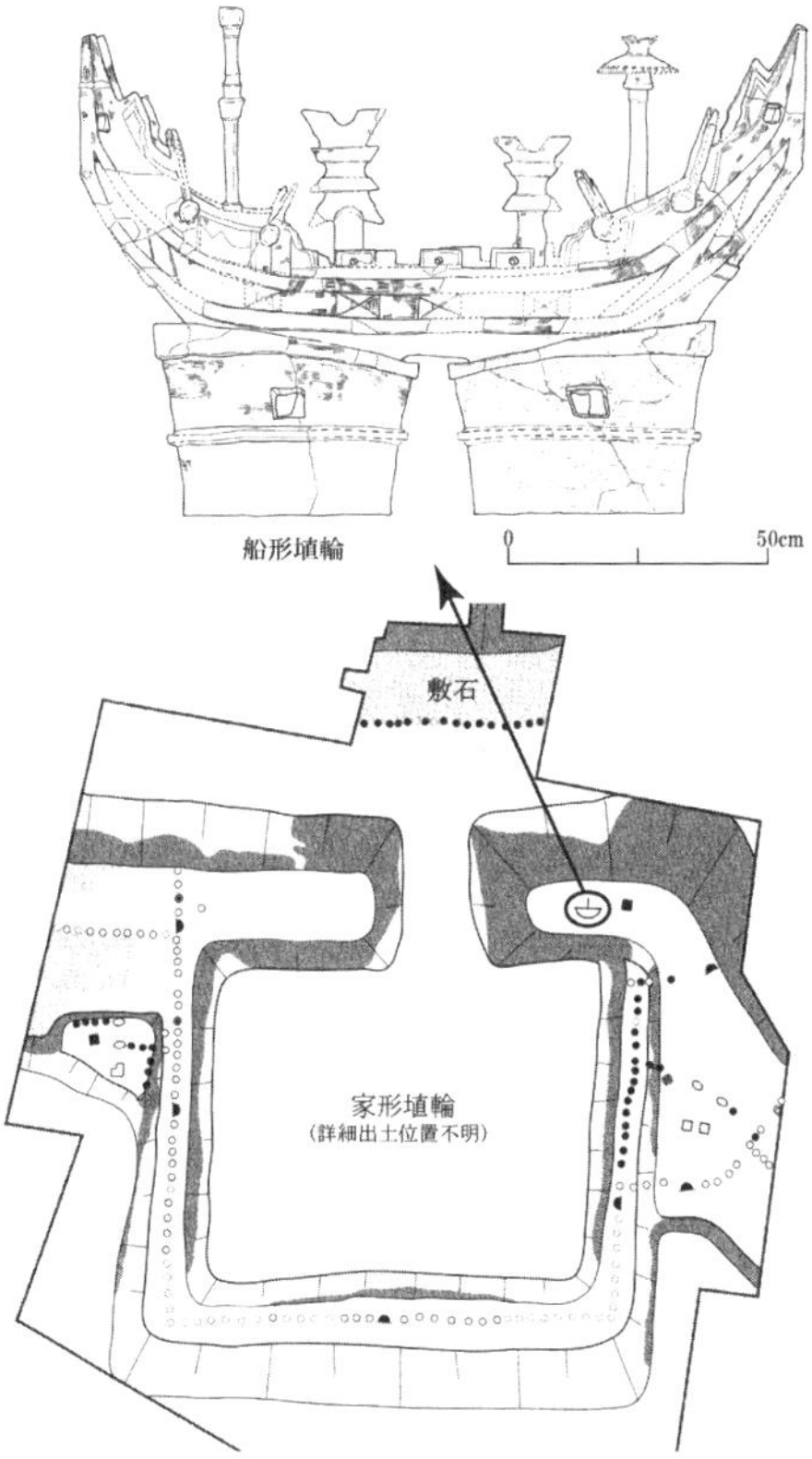

図4　宝塚1号墳の島状遺構と船形埴輪（和田2009）

船形埴輪の配置箇所が推定できる他の一例は、五世紀前葉の池田古墳（兵庫県朝来市）です。前方部の両側に接して設けられた二つのうち南側の島状遺構（報告では「造り出し」と表記）の墳丘側の辺、囲続する埴輪列が途切れているという理由で「出入口」と目される箇所の傍らに、一体の船形埴輪の配置が復元されています（山田編 二〇一五）。これも、水面から墳丘上へとアプローチする船の発着点にあたる箇所といえます。

水鳥形埴輪

池田古墳からは、二十三個体以上という多数の水鳥形埴輪も発見されていて、これらは、南側の島状遺構の周溝に面した三辺、およびこの島状遺構とその東側の周濠渡土手とに「コ」字状に囲まれた入江状の周濠水面に臨む墳丘斜面の葺石上に立てられていたと推測されています。水面、あるいは岸辺を演出する道具立てとしての性格を与えられていたのです。

古市古墳群で最初に築かれた四世紀後葉の津堂城山古墳（大阪府藤井寺市）には、前方部の両側にあたる部分の周濠の中に方形の島状遺構があります。調査された南東側の島状遺構は、周濠の外側に面した一辺が中央に向かって入江状に湾入し、小礫で洲浜状に整えられ、そこに三基の水鳥形埴輪が立てられていました（山田編 二〇一三）。同じく四世紀後葉の巣山古墳（奈良県広陵町）にも、前方部と陸橋でつながった島状遺構（出島状遺構）があり、津堂城山古墳と同様、外側に面した一辺を入江状に湾入させて洲浜状に整え、三体以上の水鳥形埴輪を配しています（井上編 二〇〇五）。なお、周濠のやや離れた箇所から、実際の船材も出土しています。

儀礼のストーリーの想定

このように、四世紀後葉から五世紀前葉にかけて、島状遺構（出島状遺構）を中心に水鳥形埴輪・船形埴輪および導水施設形を含む囲形埴輪が配置されるパターンの確立について、和田晴吾は、「船に乗って他界へと至った死者の魂は、くびれ部の出入口（造出）で船を降り（船形埴輪）、禊をし（導水施設のある家形埴輪を包む囲形埴輪）、岩山の斜面を登って頂上に至る」というストーリーに沿った儀礼を想定しています（和田 二〇〇九）。明快な解釈ですが、筆者はさらに次のように推測します。まず、くびれ部の「谷」の「沖合」に「島（出島）」を設け、入江と洲浜を造り、水鳥を立てるのは、そこが水面から墳丘に上がる通過点ないしは上陸点であることを示す表象群が、行為のある種の脚本に沿って配置されたものであって、さらにここから、先にみたくびれ部の谷のヴァーチャルな流水の表象をたどって、後円部墳頂に到達することになるのです。

このような、「水に浮かぶ二つの山」および「そこへの道」の意味をもったであろう、周濠と墳丘を場とした一種造景的な表象の配置は、前方後円墳にのみ可能で、円墳や方墳では形態上不可能です。したがって、前方後円墳固有の意味の付与と独自の新たな価値づけが、四世紀後葉から五世紀前葉にかけて成立したと考えられます。さらに、この造景がフルセットでなされるのは、近畿中央部とその周辺の、一部の大型前方後円墳に限られます。前方後円墳以外の古墳から導水施設形埴輪・船形埴輪・水鳥形埴輪が出土した例は、家形・蓋形・盾形などの埴輪に比べると、出土数や分布は限定的で、かつその場の文脈が弱い単品での配置が目立ちます。事例は、奈良盆地や大阪平野の大型前方後円墳の近在に集中し、それらの陪塚に立てられて主墳での儀礼の一部を担ったり（大阪府藤井寺市狼塚古墳の導水施設形埴輪など）、埴輪生産にかかわる小墳の被葬者がその職掌を演出したり（大阪市長原高廻り一・二号墳の船形埴輪など）、上に述べてきたようなそれらの埴輪本来の意味からは外れた背景が想定されます。

船と古墳のかかわり

なお、以上に述べてきたこととは別に、船との関連を示す造形が古墳に埋め込まれる事象を、辰巳和弘が想定しています（辰巳　一九九二・一九九六・二〇〇〇）。辰巳は、古くに提起されていた「舟葬説」（後藤　一九三五など）を再評価した磯部武男の論考（磯部一九八三）などを起点として、前方後円墳を含む古墳の埋葬施設の中に、その形状から明らかに船（舟）を意識した木棺があることをあらためて指摘しました。また、東日本の太平洋沿岸を中心として確認された海蝕洞窟の船葬を踏まえ、古墳の埋葬施設にしばしばみられる礫敷が、海岸（渚・浜）のアナロジーである可能性をのべています。

とくに墳丘をもつ古墳については、辰巳の解釈がどこまで当てはまるかを、さまざまな視角から検証していく必要があるでしょう。しかし、少なくとも海蝕洞窟の船葬が、被葬者を船に乗せて「海」へ出すという、これまでに述べてきた前方後円墳を「山」とみなす思想とは別個の世界観、あるいは少なくとも同じ世界観の中における死者の別個のありかたを反映していることは疑いなく、辰巳のいうように、前方後円墳上での船葬の例があるとすれば、形は同じ前方後円墳であっても、背後の世界観の相異に根ざした意味の違いがあったことになります（和田 二〇〇九）。このことは、「前方後円墳」の背景に統一的な身分制度や祭祀体系のような一元的なシステムがあったという古墳時代研究の前提的枠組に対する再検討につながると思われます。

4　水との空間的関係

海と葬送

古墳と水との空間的関係について、あらためて考えてみましょう。

海蝕洞窟への船葬が海とつながることは自明であり、自然環境としての海をじかに取り込んだ世界観への布置であったと理解できます。三世紀後半以降に各地へ展開していく古墳の中に、海に臨む場所に営まれるものがあることは早くから指摘され（近藤 一九五六）、それらは主として海上交通の掌握という経済的側面を背景として理解されてきました。二〇〇〇年代に入ると、海も含めた水へのアクセスへの志向、すなわち臨水性の高い場所に立地する古墳を、経済のみならず文化の側面から、あるいは古墳時代社会の多様性への認識に根ざして理解しようとする視点が出されています（日高 二〇〇二）。とくに、先進的な航海の技術や知識体系をもった海洋民の自立的な活動とその発展を、海蝕洞窟への居住や埋葬の背景に見出そうとする西川修一の意見は重視すべきでしょう（西川　二〇一五）。このような海洋民の活動と連携しつつ、海との密接な空間的関係の中に立地する古墳が、前方後円墳を代表として三世紀後半〜四世紀後半および四世紀末〜五世紀代に多いことは（広瀬　二〇一五）、古墳時代前半期には、やはり、先述した海蝕洞窟への船葬の場合と同様、自然環境としての海をじかに取り込んだ世界の中に亡き人を位置づけるという観念が、広く共有されていた状況をうかがわせます。

水の人工的景観の創出

そのような中で、「水に浮かぶ二つの山」と「そこへの道」を造景する大型の前方後円墳は、伊勢湾に面した宝塚一号墳などの少数例を除けば、海岸線から隔たった内陸に営まれることが多く、奈良盆地にある馬見古墳群の巣山古墳、大阪平野にある古市古墳群の津堂城山古墳、日本海に注ぐ円山川上流の盆地にある池田古墳などは、いずれも海面を見ることができない内陸部に立地しています。すなわち、現実には海のない自然環境の中に「水面とそこに浮かぶ山」という景観を人工的に作り出したものといえます。

「水の人工的景観」ともいうべきこのような事例や、リアルな水の周濠をヴァーチャルな水の空濠に置き換えてそれに準じる造景をさまざまな程度に目ざした大型前方後円墳は、四世紀後葉〜五世紀前葉および中葉をピークとして、瀬戸内の行者塚古墳（兵庫県加古川市）、富田《とみだ》茶臼山《ちゃうすやま》古墳（香川県さぬき市）、東海の昼飯《ひるい》大塚《おおつか》古墳（岐阜県大垣市）、関東の太田天神山古墳（群馬県太田市）など、日本列島の広い範囲に築かれます。それらは、海岸に面したものも含む、それまでの近隣の「首長墓系列」を複数糾合する形で、内陸の交通ルートに沿って分布する傾向が明らかです。

この背景には、中国王朝や朝鮮半島諸国との政治的な交渉の本格化を契機とした新たな政治秩序の成立と、それに伴う地域社会の再編が想定されます（松木 二〇一九）。経済もまた、海上交通による長距離交易による交換重視の経済から、海上に加えて陸上の交通の比重も高めた交易の増大によって、新しく再編された秩序の中で各地の頂点に立った有力者が、それぞれの拠点にさまざまな資材や技術者を導入して農業経営や手工業を営む生産重視の経済へと構造化されました。それを主導する各地の有力者が、みずからの拠点の中に、「水面とそこに浮かぶ山」という「水の人工的景観」を可視化することによって、その権威がよって立つ世界観を表示するようになったということを仮説として導き出すことができます。

5　古墳に対する認識の変化

変化していく古墳の性格

以上のように、古墳に対する認識の革新（「上―下」から「あちら・こちら（彼―我）」「起点―経路―終点」）と、水鳥・船・導水施設などの水の表象の新たな埋め込みは、近畿中央部を主とする大型の前方後円墳にほぼ限られ、絞られた被葬者を特別に位置づける世界観がほぼ完成したと考えられます。ただし、五世紀後半になると、それらの表象群の多くはしだいに顕著でなくなることから、「広い水面に浮かぶ二つの山」は様式化され、その本来の意味を失っていく動きが、この時期から認められる墳丘規模の縮小とともに進行していた可能性が高いでしょう。

その後、近畿周辺と以東の地域では六世紀に入る頃から、大陸を起源とする横穴式石室の導入によって、古墳そのものが「墳丘先行型」「墳丘墓」「登る墳丘」から「墳丘後行型」「封土墓」「登らない墳丘」へと、その根本的な性格をまったく変えてしまいます。そのことによって墳丘の頂上に設けられていた埋葬のための平坦な広場はすがたを消し、日本列島の古墳の特徴であった截頭形の立面は失われて、朝鮮半島の墳墓と同様に丸みを帯びた頂部となります。

墓標としての古墳

前方後円墳は、表象を盛り込んで形の意味を演出することが行われなくなって様式化が進んだことはさきにのべましたが、墳丘そのものの性格が「登る」「墳丘墓」から「登らない」「封土墳」へと転換（大陸・朝鮮半島のものと同化）してしまうことによって、もとのイメージや表象は初期化され、その形は単なる「墓標」となった可能性が高いと思われます。形に関する規制が弱くなって前方部の形が多様化し、周濠をもつものも減少します。ただし、その中でも後円部と前方部の高さが拮抗して「二つの山」としての外形を保ち、広い周濠をめぐらせて「広い水面に浮かぶ」形を保つものが、大阪平野や奈良盆地では六世紀中葉以降になっても少数残り、いずれも大王位に就いた人物あるいはその近親（宣化・欽明・欽明妃石姫／敏達）の墓とみられる点は重要です。その形が、大王のリネージ（王統、血統）を示す墓標として用いられるようになったとの推測も成り立ちます。同じように、周濠はもたないけれども前方後円形を保った各地の墳丘もまた、そこでの特別な出自や伝統を示す墓標として用いられた可能性があるでしょう。

横穴式石室の導入とともに更新されたであろう古墳の世界観に、水の表象の新しい埋め込みが行われたことは、横穴式石室の開渠排水溝や壁画のモチーフから復元することが可能ですか、こうした次の段階についての詳細はまた改めて考えてみたいと思います。

おわりに——古墳研究の展望——

以上、水を基軸に日本列島の古墳の意味とその歴史的機能を考えてみました。

日本考古学の古墳時代研究では、古墳の形、とくに前方後円墳という形については、「ヤマト王権」のメンバーシップ、あるいはそこでの地位や身分の表示といった当事者側の視点による意味の追究を中心に行われてきました。

これに対して、第三者的な視点による古墳の意味の追究は、これも先に述べたように、一部の研究者によって進められてはきましたが（辰巳 一九九二・一九九六・二〇〇〇、和田 一〇〇九）、その成果は、古墳時代研究における上記のような主流的な枠組みに十分に組み込まれませんでした。それは、社会進化や国家形成のような普遍性や一般性に立脚した過去の復元に対して、多様性や偶然性を大いにはらむ外側からの視点による古墳の意味の追究は、はめこみようを見つけがたいからです。

しかし、二十一世紀に入ってから、普遍的で一般的な過去復元の立場を保ちながらも、そこに多様性や偶然性がどのようにかかわるのかという問題に興味を示す声も聞かれるようになり、こうした立場からは前方後円墳の意味について、根本的な再検討が要請されています。

古墳時代は一元的ではなく、さまざまな形の社会や、それが根ざす多様な価値観や世界観が、相互に影響し合いながら並び立ち、複雑に変容していく時空でした。本章では、そうしたことに光を当てていくため、新たな視座から古墳の意味を探ってみました。今後のステップの一つになれば幸いです。

なお、本章の編成については、関沢まゆみ氏より多大な援助を受けました。厚く御礼申し上げます。

参考文献

石野博信「三世紀の「都市」纏向」石野編『大和・纏向遺跡（第三版）』学生社、二〇一一年
磯部武男「古代日本の舟葬について（上）」『信濃』三五―一二、一九八三年
市村慎太郎編『百舌鳥・古市古墳群に学ぶ　古墳と水のマツリ』（大阪府立近つ飛鳥博物館図録七四）、二〇一八年
井上義光編『巣山古墳調査概報』学生社、二〇〇五年
上野祥史編『世界の眼で見る古墳文化』（二〇一八年度企画展示図録）、国立歴史民俗博物館、二〇一八年
宇垣匡雅『楯築墳丘墓』岡山大学文明動態学研究所・岡山大学考古学研究室、二〇二一年
卜部行弘編『下池山古墳の研究』（橿原考古学研究所研究成果九）、奈良県立橿原考古学研究所、二〇〇八年

鐘方正樹「竪穴式石槨出現の意義」関西大学考古学研究室開設五拾周年記念考古学論叢刊行会『関西大学考古学研究室開設五拾周年記念　考古学論叢』上巻、二〇〇三年
君嶋俊行「川東車塚古墳の埋葬施設―その特色と問題点―」倉林眞砂斗・澤田秀実・君嶋俊行編『川東車塚古墳の研究』（美作地方における前方後円墳秩序の構造的研究Ⅱ）、二〇〇四年
国立歴史民俗博物館・松木武彦・福永伸哉・佐々木憲一編『日本の古墳はなぜ巨大なのか―古代モニュメントの比較考古学―』吉川弘文館、二〇二〇年
後藤守一「西都原発掘の埴輪舟」『考古学雑誌』二五―八・九、一九三五年
小林謙一・花谷浩編『川上・丸井古墳発掘調査報告書』長尾町教育委員会、一九九一年
小林行雄「古墳の発生の歴史的意義」『史林』三八、一九五五年
近藤義郎「牛窓湾をめぐる古墳と古墳群」『私たちの考古学』一〇、一九五六年
近藤義郎『前方後円墳の時代』（日本歴史叢書）、岩波書店、一九八三年
近藤義郎「前方後円墳の成立をめぐる諸問題」『考古学研究』三一―三、一九八四年
近藤義郎編『楯築弥生墳丘墓の研究』楯築刊行会、一九九二年
近藤義郎・高井健司編『七つ丸古墳群』岡山大学考古学研究室、一九八七年
白石太一郎「古墳の周濠」『角田文衞博士古稀記念古代学叢論』角田文衞先生古稀記念事業会、一九八三年
菅谷文則「池ノ内二号墳」泉森皎編『磐余・池ノ内古墳群』（奈良県史跡名勝天然記念物調査報告二八）奈良県教育委員会、一九七三年
鈴木裕明「古墳周濠から出土する木製品」茂木雅博編『日中交流の考古学』同成社、二〇〇六年
辰巳和弘『埴輪と絵画の古代学』白水社、一九九二年
辰巳和弘『「黄泉の国」の考古学』講談社、一九九六年

辰巳和弘『古墳の思想―象徴のアルケオロジー―』白水社、二〇〇〇年
都出比呂志「前方後円墳出現期の社会」『考古学研究』二六―三、一九七九年
都出比呂志「前方後円墳の誕生」白石太一郎編『古代を考える古墳』吉川弘文館、一九八九年
都出比呂志「墳丘の型式」石野博信・岩崎卓也・河上邦彦・白石太一郎編『古墳時代の研究』七（古墳Ⅰ　墳丘と内部構造）、雄山閣、一九九二年
寺沢　薫「纒向型前方後円墳の築造」森浩一編『考古学と技術』（同志社大学考古学シリーズⅣ）、一九八八年
寺沢薫編『箸墓古墳周辺の調査』（奈良県文化財調査報告書八九）、奈良県立橿原考古学研究所、二〇〇二年
寺沢薫・橋本輝彦・丹羽恵二・木場佳子編『纒向石塚古墳発掘調査報告書』（桜井市埋蔵文化財発掘調査報告書第三五集）、桜井市教育委員会、二〇一二年
中井正幸「墳丘に付随する施設」一瀬和夫・福永伸哉・北條芳隆編『古墳時代の考古学』三（墳墓構造と葬送祭祀）、同成社、二〇一一年
西川修一「洞穴遺跡にみる海洋民の様相」公益財団法人かながわ考古学財団編『海浜型前方後円墳の時代』同成社、二〇一五年
春成秀爾「古墳祭式の系譜」『歴史手帖』四―七、一九七六年
坂　靖「古墳時代の導水施設と祭祀―南郷大東遺跡の流水祭祀―」『考古学ジャーナル』三九八、一九九六年
日高　慎「水界民と港を統括する首長」『専修考古学』九、二〇〇二年
広瀬和雄『前方後円墳国家』角川書店、二〇〇三年
広瀬和雄「海浜型前方後円墳を考える」公益財団法人かながわ考古学財団編『海浜型前方後円墳の時代』同成社、二〇一五年
福田哲也・松葉和也編『史跡宝塚古墳』（松阪市埋蔵文化財調査報告書一）、松阪市教育委員会、二〇〇五年

福辻　淳「周濠の出現―箸墓古墳の周濠と外濠状遺構の意義―」『纏向学の最前線―桜井市纏向学研究センター設立十周年記念論集―』桜井市纏向学研究センター、二〇二二年
福永伸哉「近畿地方の小竪穴式石室―長法寺南原古墳前方部小石室の意義をめぐって―」都出比呂志編『長法寺南原古墳の研究』大阪大学南原古墳調査団、一九九二年
穂積裕昌『船形埴輪と古代の喪葬　宝塚一号墳』新泉社、二〇一七年
穂積裕昌「「導水施設」研究の軌跡と展望―その「浄水性」を問う―」『纏向学の最前線―桜井市纏向学研究センター設立十周年記念論集―』桜井市纏向学研究センター、二〇二二年
松木武彦「前方部小竪穴式石室」都出比呂志編『長法寺南原古墳の研究』大阪大学南原古墳調査団、一九九二年
松木武彦『進化考古学の大冒険』新潮社、二〇〇九年
松木武彦「国の形成と戦い」吉村武彦・吉川真司・川尻秋生編『前方後円墳―巨大古墳はなぜ造られたか―』（シリーズ古代史をひらく）岩波書店、二〇一九年
松木武彦「東アジアの古墳と墳丘のかたち」吉村武彦・川尻秋生・松木武彦編『東アジアと日本』（シリーズ地域の古代日本）、KADOKAWA、二〇二二年a
松木武彦「古墳とはなにか―その成り立ちの構造的・広域的再検討―」『纏向学の最前線―桜井市纏向学研究センター設立十周年記念論集―』桜井市纏向学研究センター、二〇二二年b
松本直子『認知考古学の理論と実践的研究』九州大学出版会、二〇〇〇年
松本直子「人間行動とモニュメント」国立歴史民俗博物館・松木武彦・福永伸哉・佐々木憲一編『日本の古墳はなぜ巨大なのか―古代モニュメントの比較考古学―』吉川弘文館、二〇二〇年
山崎孝盛「古墳時代初頭の水辺祭祀」『纏向学の最前線―桜井市纏向学研究センター設立十周年記念論集―』桜井市纏向学研究センター、二〇二二年

山田清朝編『池田古墳―一般国道9号池田橋盛土化事業（平野地区）に伴う埋蔵文化財発掘調査報告書―』（兵庫県文化財調査報告四七一）兵庫県教育委員会、二〇一五年
山田幸弘編『津堂城山古墳―古市古墳群の調査研究報告Ⅳ―』（藤井寺市文化財報告書三三）、藤井寺市教育委員会、二〇一三年
和田晴吾「古墳の他界観」『国立歴史民俗博物館研究報告』一五二、二〇〇九年

第3章　都市の形成と水の管理

南　秀雄

はじめに

低地帯にある大阪では、治水なくして都市の形成はありえませんでした。大阪は淀川と大和川の河口に位置するとともに、生駒山の西には縄文海進期以来の水域があり（河内湾・河内湖と呼称）、三角州や低湿地が広がる場所でした。唯一小高い上町《うえまち》台地は、東西幅一・八キロ弱の細長い土地です。上町台地には七世紀中頃の難波長柄豊碕宮《なにわながらとよさきのみや》や聖武天皇再建の難波宮《なにわのみや》が置かれましたが、人口を支える経済の中心は港がある海浜部や河口の低地帯にありました。ある程度の人口を抱えていくためには、谷が入り組んで利用しづらい上町台地だけでなく、低地帯を開発していくほかはありません。大阪の人びとは、淀川・大和川などの河川の氾濫はもちろん、潮汐の影響による河内湖とその周辺の排水不良、台風などによる高潮や暴浪などに悩まされ続けてきました。これらにどう対処していくかは、古墳時代以来、大阪における都市形成の根幹となっています。それは現代の都市設計でもかわりません。

1　大阪の地形環境と治水

河口低地帯の都市の典型

東アジアの大都市の多くは、大きな川の河口や河畔で成長しました。近年の発掘調査によれば、大阪は五世紀頃から人口の集中が始まり、難波長柄豊碕宮がつくられる前の六世末～七世紀前半には都市と言える姿になっていたと考えられます。それ以降、都城（難波宮・京）、港湾都市（渡辺）、宗教都市（四天王寺門前町・大坂本願寺寺内町）、城下町と再生をくり返し、千四百年以上にわたって都市の命を保ってきました。平安京・京都を越えて、日本列島の大都市の中でもっとも長い歴史をもつのが大阪で、河口低地帯に位置する東アジアの都市の典型と言えます。川と海の脅威に備え、その地形環境をどのように利用していたのかという人びとの営みと工夫の足跡は、大阪でこそ如実に読み取ることができます。

災害か開発の契機か

治水には水防と利水（舟運・灌漑など）の意味が含まれます。標題に「水の管理」とありますが、古墳時代〜古代の治水・土木の技術では、水の脅威は「管理」するにはあまりに膨大なエネルギーで、自然の状態を活かし、どう折り合いをつけて利用するのかというのが実態でした。

ところで、現代では河川の氾濫などは災害という負のイメージと直結していますが、古代以前では必ずしもそうではありません。大阪の発掘では各時代の厚い砂の自然堆積層に出会います。厚い砂層は洪水と増水によるもので、河道が分流、転変し、沖積作用が盛んであったことがわかります。一昼夜にして目の前に中州や砂浜が現れるような地形の変化もあったことでしょう。これを災害ととらえるか、新たな開発の契機とするかは時代ごとの人の側の問題です。多くの人命や財産が失われる危険な場所にまで集住し、それを大きな堤防で守って洪水災害の激甚化を招いたのは近代以降のことです。当時は三角州が海側へどんどん伸びていき、高潮や暴浪によって海辺には砂堆が生まれていました。

古代以前の大阪では、画期となる二つの治水事業が記録されています。『日本書紀』仁徳紀にある難波堀江《なにわのほりえ》と、『続日本紀』延暦四年（七八五）の三国川（神崎川）の開削です。これらは、以降の大阪の都市的な発展や景観に大きな影響を与えました。この章では、急速に進展している古地形復元に基づいて、これらの実態を見直してみたいと思います。

2　難波堀江

難波堀江とは

『日本書紀』仁徳十一年に以下のような記事があります。夏四月十七日、群臣に詔して、「この国を眺めると、野も川も広いが田畠は少ない。また、川の水は横さまに流れて、流末は停滞している。少しでも長雨にあえば、海流が逆流し、村里は船に乗ったように水に浮かび、道路はまた泥土となる。群臣は共に視察して、横流する根源を掘って海に通じさせ、逆流を塞いで田と家とを安全にせよ。冬十月に、宮の北の野原を掘って、南の水を引いて西の海に入れた。よってその水を名付けて堀江と言った。また、北の河の塵芥を浮かべ漲《みなぎ》る水を防ごうと茨田堤《まったのつつみ》を築いた」

仁徳期の伝承の宮は上町台地上の「高津宮《たかつのみや》」です。「南の水」は大和川、「西の海」は大阪湾になります。大和川は十八世紀初めに現在の位置に付け替えられるまでは北へ流れ、河内湖に入っていました。排水不良などによる洪水対策として、高津宮の北を掘って大和川の水を大阪湾に導いたとされるのが「堀江」、つまり難波堀江です。一方の「北の河」は淀川で、こちらの洪水対策としては「茨田堤」が築かれました。難波堀江の場所については、発掘調査がすすんで当時の地形がわかってきた今日では、大阪市北区と中央区の境になる今の大川（淀川の旧本流）の所でまちがいありません。

難波堀江の下流には難波津《なにわづ》と呼ばれる港が発展しました。難波堀江は放水路としてだけでなく、運河として使われました。瀬戸内海と淀川・大和川の結節点に、港（難波津）と運河（難波堀江）が一組として設けられたことが、以降の上町台地北部とその周辺の発展を約束しました。淀川をさかのぼれば京都方面、大和川をさかのぼれば奈良盆地へ行くことができ、水上交通を使った物流・外交の拠点として、瀬戸内海東端にある大阪の地勢学的な位置を最大限に活かせるインフラが整いました。

　では、この難波堀江はどのようにできたのでしょうか。通説として流布しているのは、自然地理学者の日下雅義の考えと思われます。日下は、六〜七世紀の状況として上町台地の北や西に三本の平行

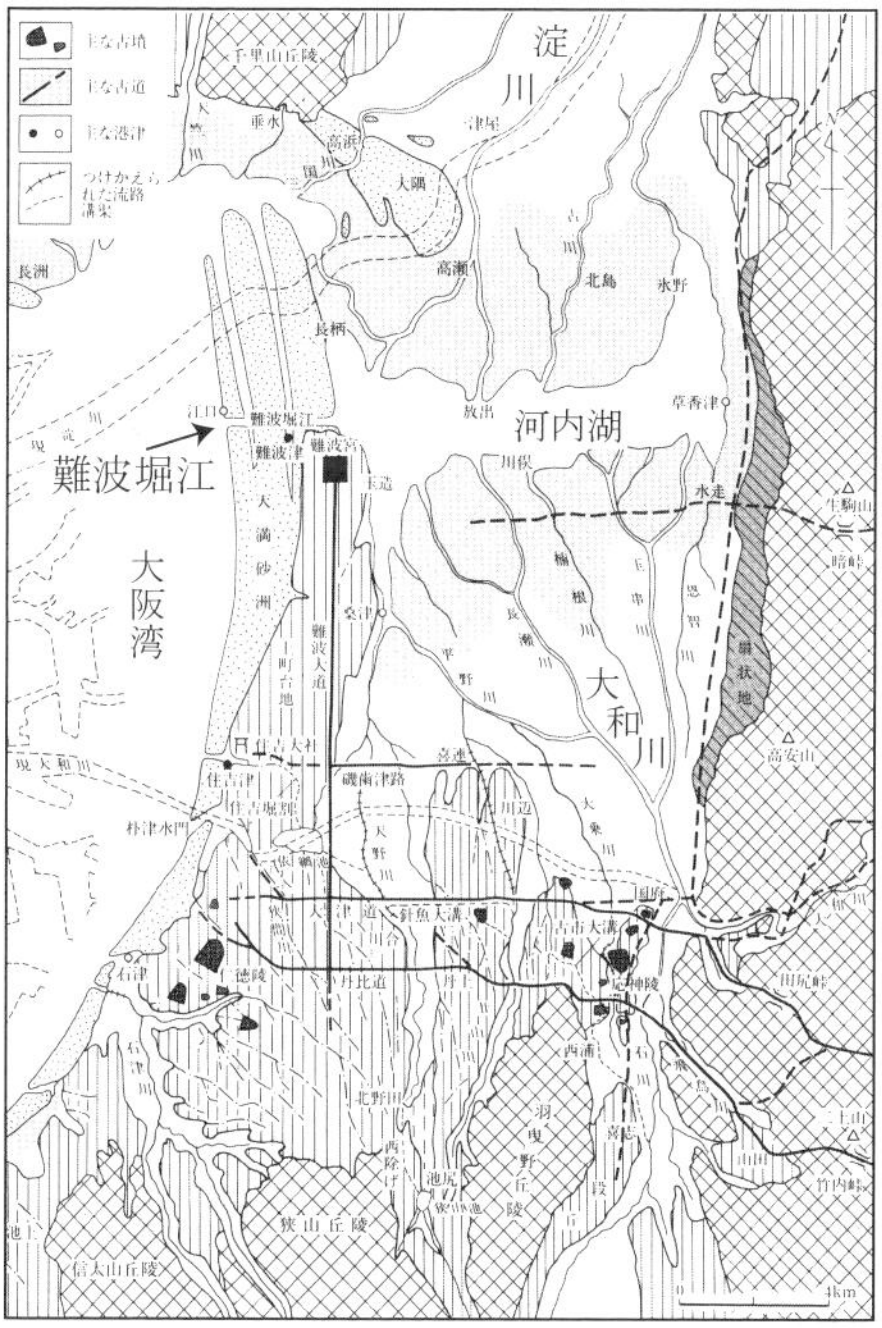

図１　日下雅義（1991）の地形復元（6〜7世紀，縮尺約40万分の1）と難波堀江

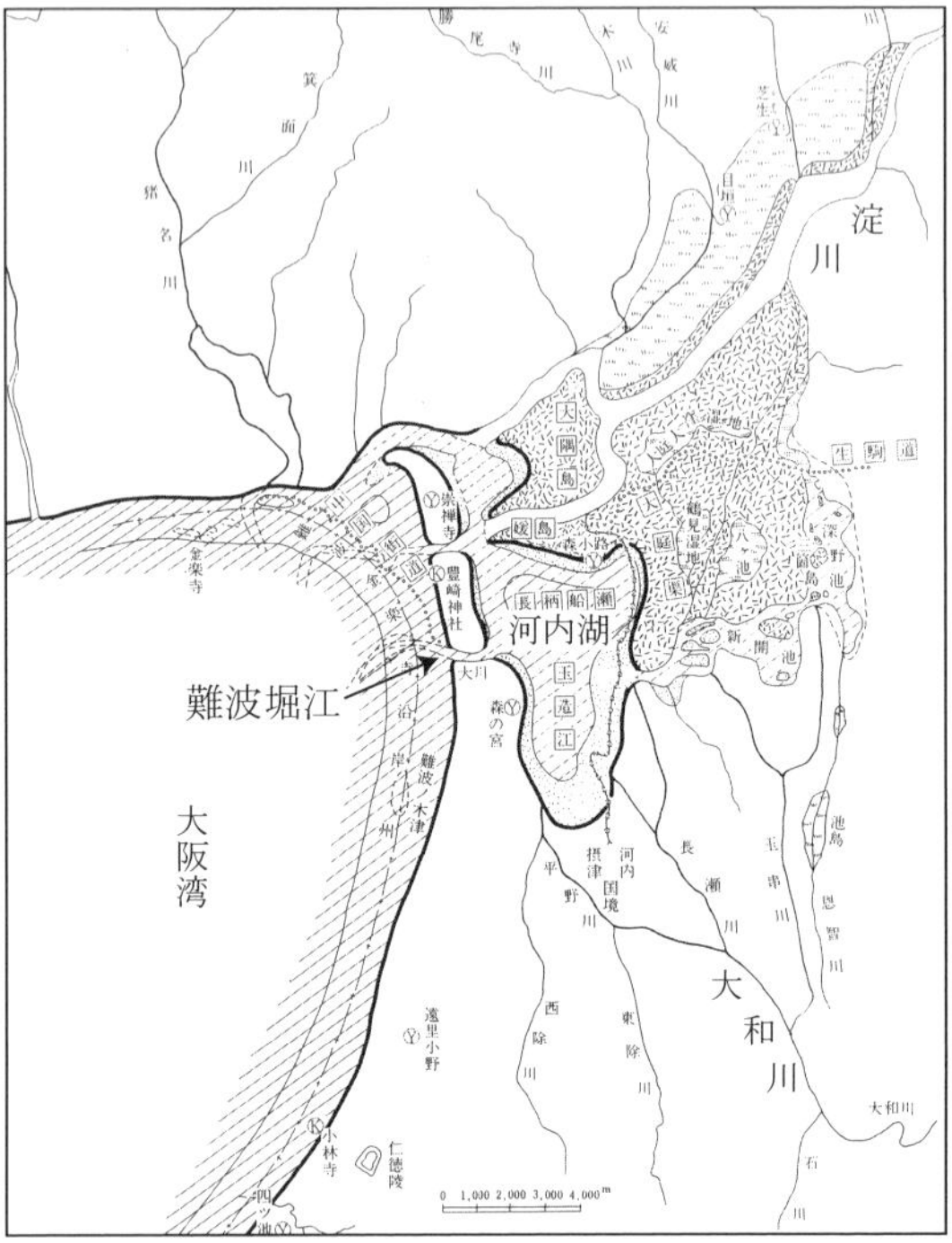

図2　梶山彦太郎ら（1986）の地形復元（5世紀頃，縮尺約40万分の1）と難波堀江

する太い砂州を復元し、これを約三キロにわたって掘り切って排水の便をはかったのが難波堀江であるとしました（日下 一九九一、図1）。また、大阪平野の古地形復元で画期的な仕事をした梶山彦太郎は、北海道サロマ湖の砂州を例にあげ、上町台地から北に伸びる砂州の切断を、人力による大工事か自然の営力（津波・高潮など）かは決めがたいが、人間が開いた細い水路がしだいに大きくなって堀江

となった可能性が高いと考えました（梶山・市原 一九八六、図2）。洪水で滞留した河内湖の水が砂州の基部から自然にあふれ出て、そこを掘ってより以上の排水を図ろうとしたとも述べています。

この二人の考えが難波堀江の成因に対する代表ですが、二十一世紀に入って精緻な古地形復元がすすみ、難波堀江についても通説の大きな見直しが必要になっています。とくに日下説は大土木工事のイメージを喚起し、同時代の大型前方後円墳から難波堀江の工事に対する掘削土量や労働力を試算した研究なども出て、古墳時代の社会像や前近代の治水の実像を歪める弊害があると考えます。古墳の築造は膨大な労働力を要しても静的な土盛りの建造物であるのに対し、治水は現代人でも手に負えないほどの動的な水のエネルギーに対処しなければならず、土木技術的に見て、似て非なるものです。では、難波堀江のほんとうの成因とその実態は如何なるものだったのでしょうか。

地形復元の進展と洪水の実態

梶山・日下たちの考えと、近年の大阪平野の古地形復元の大きな違いは、淀川の三角州の成長が従来の考えよりずっと早いことです（図3）。また、上町台地から北に伸びる砂州（天満砂州）は梶山・市原説のように長くなく、日下説がいう幅三キロよりかなり細いものです。これらを明らかにした趙哲済と松田順一郎の研究の基は、ボーリングデータに加え、数多くの遺跡の発掘調査のデータの活用にあります（趙・松田ほか 二〇〇三）。そもそも日下の古地形復元は、類似の地形環境のモデルを大阪に当てはめたもので、以降の検証が必要でした。それに対して趙らの方法は、発掘現場などから積み上げていく帰納的方法です。上町台地周辺では二〇一四年（平成二十六）より趙をリーダーとした研究チームが千件以上の発掘調査を網羅し、従来にない精度の古地形復元を公表しています（趙ほか 二〇一四、図4）。

それによれば淀川の三角州の発達は早く、弥生時代中期には天満砂州に達した三角州が北から南に

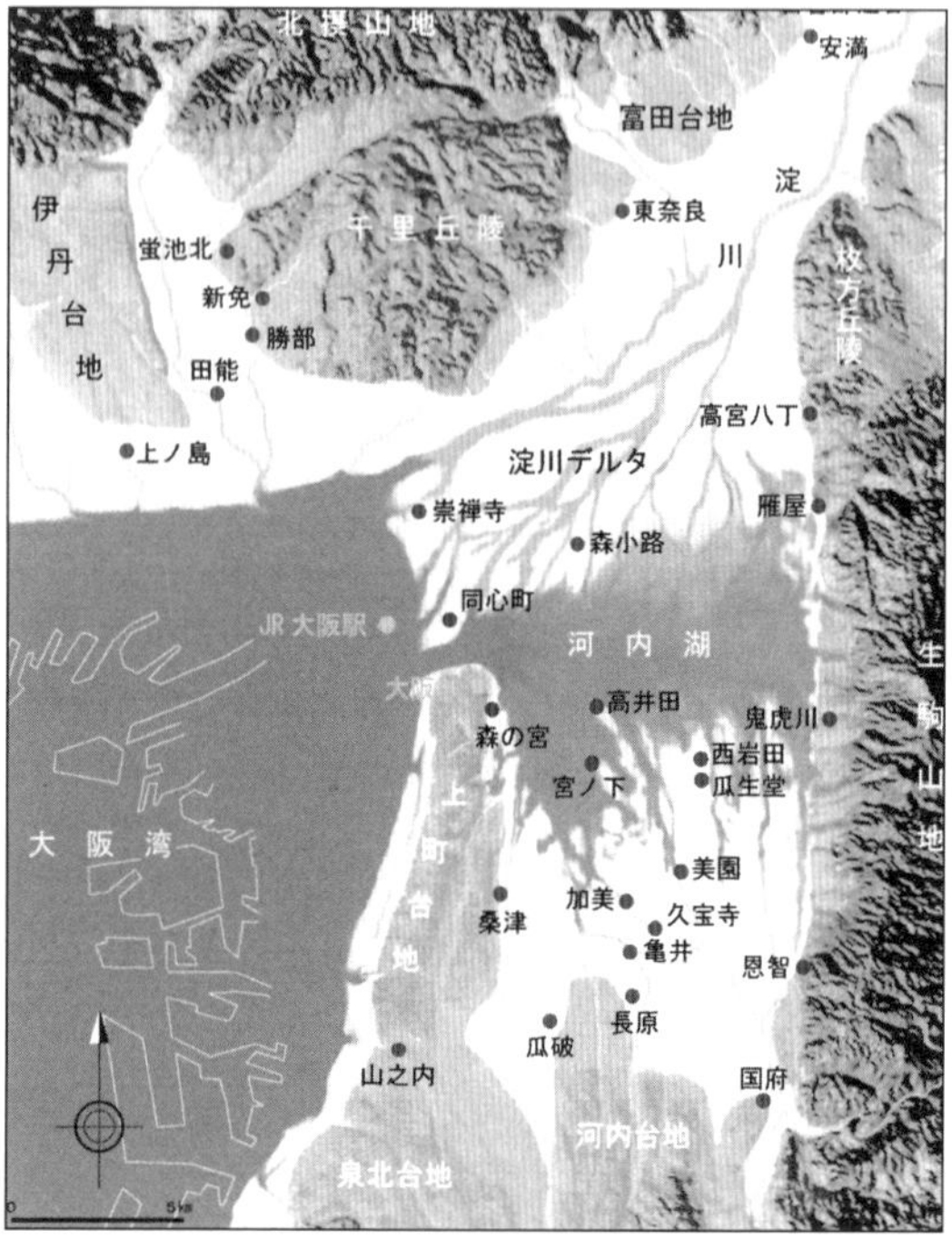

図3　趙哲済・松田順一郎の地形復元（紀元前後頃，縮尺約40万分の1）

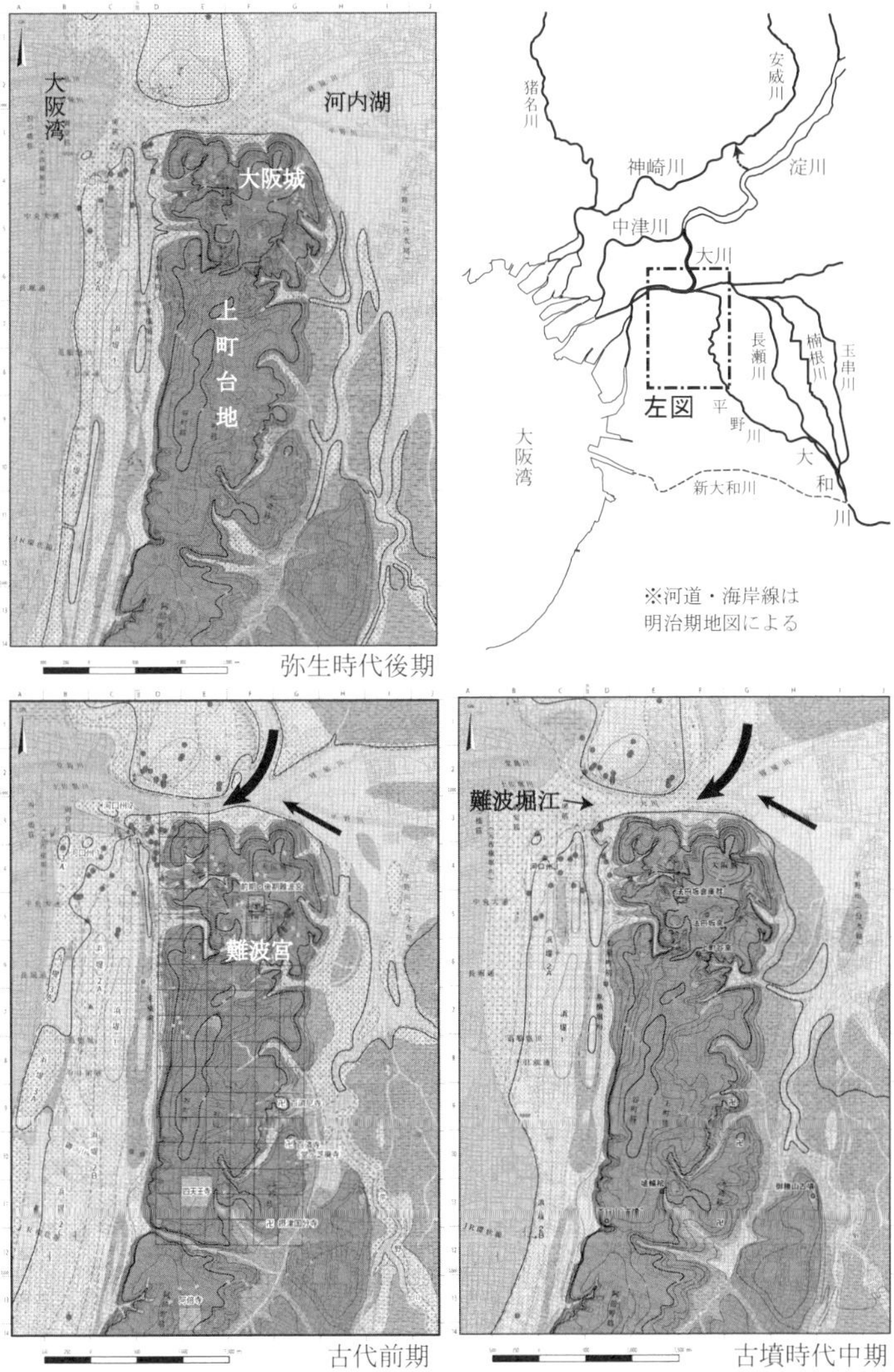

図４　趙哲済らの上町台地周辺の地形復元（縮尺約 10 万分の 1）と難波堀江

伸び、上町台地との間の水域をしだいに狭めていったことがわかります。その証拠は、天満砂州の東側の各発掘地点の堆積層が示す流向が、北から南で淀川の流れと調和し、弥生時代中期～後期の集落から陸化した範囲が押さえられることによります。そして、古墳時代中期（五世紀頃）には、すでに現大川付近に淀川の流路ができていたと考えられます。梶山・日下などの研究と、前提となる地形が大きく異なっているのです。新たに判明した地形環境では、洪水・治水との関連でどのような自然現象が起こるのでしょうか。

現大川と類似する流れがすでにあり、そこに相当の流量があれば、出水時には南の大和川や東の河内湖からの排水をこの流れが妨げます（図4参照）。これが洪水の主要因と考えられます（小山田 二〇二〇）。いわゆるバックウォーター現象です。淀川と大和川では流域面積が大きく違っており（現在で淀川八二四〇平方キロ、大和川一〇七〇平方キロ）、流量にかなりの差がありました。普段は支障なく合流していたとしても、大雨のときには流量の多い淀川水系の流れが、大和川水系の流れを妨げたと推定されます。また、大和川水系の排水不良によって、合流点付近には砂泥が溜りました。これを「淤《お》塞《そく》部《ぶ》」（泥が溜り塞ぐ場所）とも言います。

これに潮汐の影響が加わりました。堆積学の中条武司によれば、上町台地と天満砂州の間にあった流路は、潮が出入りする「潮汐チャネル」となり（図5）、干潮時と満潮時の両方の砂の移動によって、河内湖側（河水の入口）と大阪湾側（河水の出口）に「潮汐デルタ」などの堆積体ができたと考えられます（南ほか 二〇二三）。河内湖側の潮汐デルタは、先述の淤塞部の場所と重なります。また中条は、今

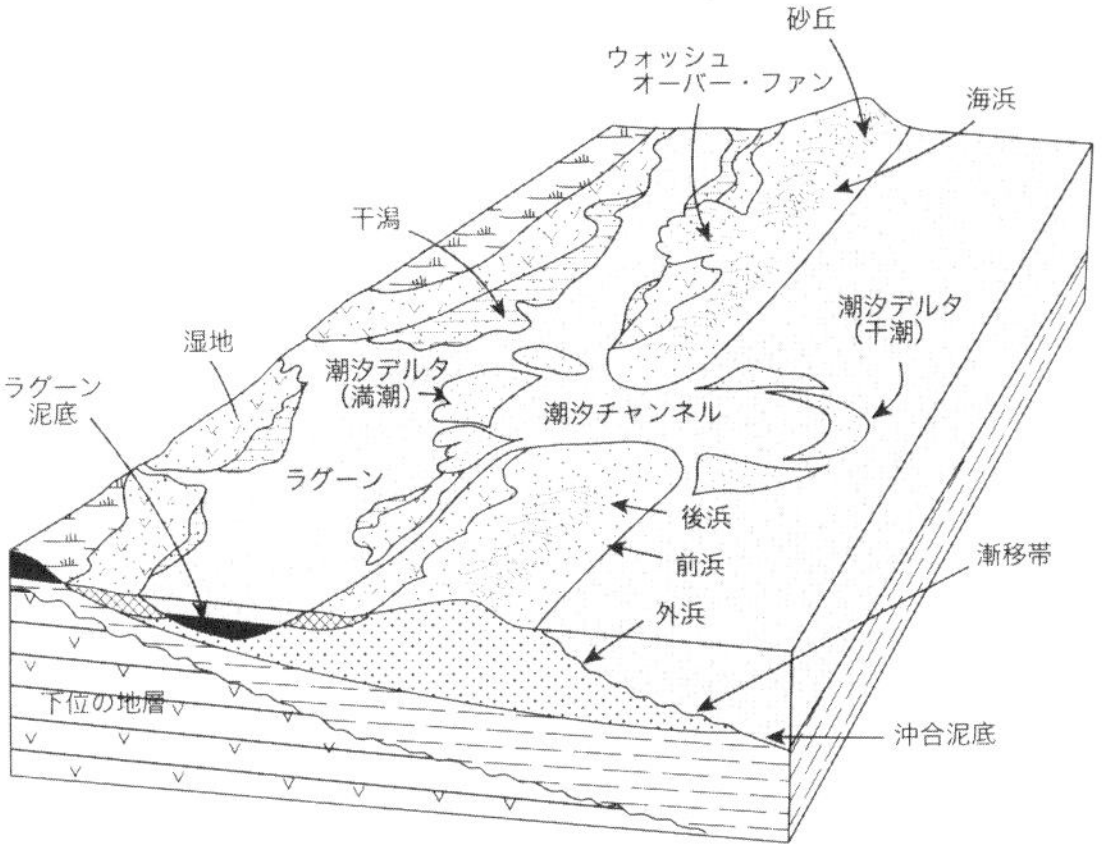

図５　ラグーンなどの堆積モデルと潮汐デルタ
（平朝彦『地質学２　地層の解読』岩波書店，2004年より）

の大阪湾が静かな海なのに比べ、当時は干満差がより大きかった可能性を指摘しています。潮の流れが速ければ、より多くの砂が奥まで運ばれたでしょう。特有の地形環境がますます洪水を助長したわけです。これが、新しくわかった地形に基づく洪水の実態です。

新たな難波堀江像

『日本書紀』には「冬十月に、宮の北の野原を掘って、南の水を引いて西の海に入れた」とあります。洪水を解消する要点は、流量の不均衡やバックウォーター現象でできる淤塞部と、それに重なる潮汐デルタの除去にあったと考えます。掘ったのは上町台地の北でも少し東の方、今の大阪城の北から東北方でしょう。これによって大和川水系の排水が良くなります。書紀にわざわざ北の河（淀川）と区別して南の川（大和川）と書かれたことが、ここで生きてきます。なぜなら、通説のように天満砂州を切断したのであれば、そこは南の川（大和川）と北の河（淀川）の合流後で北の河の水も流れており、書記の記述がぼやけてしまいます（角林　一九七七）。

では具体的にどうやって「掘った」かですが、想像を加味すれば「冬十月」がポイントになると思います。治水事業は、渇水期で農閑期の冬に行うのが常でした。大和川水系の排水を妨げた堆積体は、水面に見え隠れするような状態だったと思います。瀬戸内の冬は降水量が少なく、また冬は干満差が一年でもっとも大きい季節です。渇水期の干潮（大潮など）を狙って工事を行ったと考えます。河川工学の角哲也は次のような方法を示唆しています（南ほか　二〇二三）。あらかじめ渇水期に障害となる州に水路を掘っておくことで、そこがトリガー（引き金）となって、春から夏の増水・洪水が砂泥を押し流し、疎通が良くなるそうです。近代でも高知県物部《ものべ》川などでこの方法がとられました。水の力を利用するやり方は先述の梶山の考えと共通し、現実味を感じます。

引き潮のときに船を出し、満ち潮のときに堀江をさかのぼっていたと考えられますが、いつも具合良い潮と出会うわけでなく、積載量が多いときは船を動かすのに難儀します。江戸時代以前では、岸から綱で船を曳いて淀川などをさかのぼるのは普通のことでした。難波堀江でも腰まで水に浸かって船を曳くようすが出てきます。これと関連して発掘調査で注意されるのは、堀江の南岸（左岸）が意外に直線的で各時代の遺構面の高低差が少ないことです。上町台地は深い谷が複雑に入っていて、難波堀江に近い北端も例外ではありません。そのままではアップダウンの大きな場所です。古代以前の地面の高さはあまりわかりませんが、それ以前の改変が少ないであろう中世の遺構面で、現在の東横堀川入口と大阪城北側の発掘地点の約五五〇メートルの間の高低差は六〇センチ未満におさまります。洪積台地で地盤の良い堀江の南岸は、船を曳くための道（桟道《さんどう》とも言います）と船の着岸のため、高低差を少なく直線的に整えられていた可能性があります。

岸の整備とともに、当時使われていた可能性のある治水技術に「水制《すいせい》」があります。水制とは、杭や枝、土や石などでつくった構造物を岸からいろいろな角度で出して、川の流れを制御するものです（図6）。川の流れをある方向に導いたり、岸が洗掘されるのを防ぐ働きなどがあります。大阪平野では、古墳時代中期以降、八尾市久宝寺《きゅうほうじ》遺跡をはじめとして各所で使用されていたことが確認されています（小山田二〇二〇）。船の運航のためには流れが変転せず、一定の水深が保たれる方が有利です。水制を使えば、水を岸から中の方へ導いて水深を保つことができます。各時代の開発が重複している難波堀江周辺で水制の遺構を発掘するのは至難ですが、使われていた可能性は十分に考えられます。

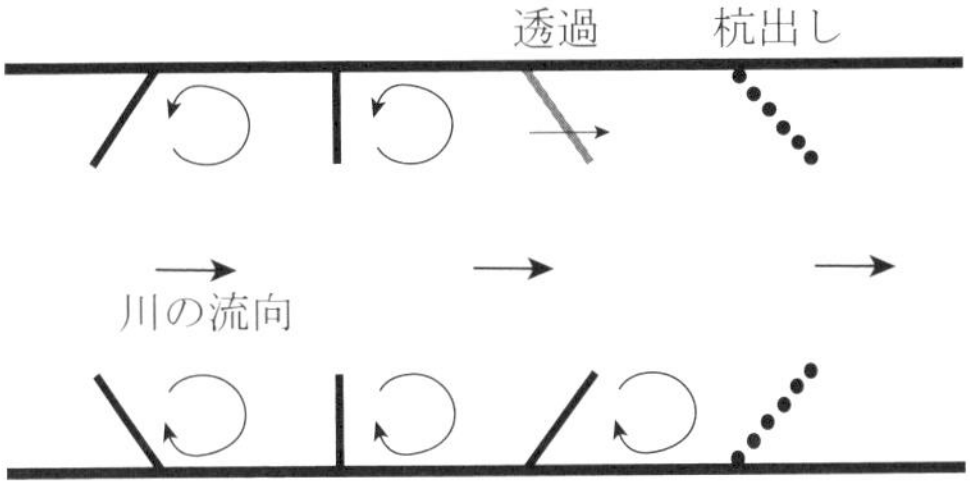

図6　水制の概念図

堀江などの川の遡行にどれくらいの水深が必要かは、当時の船の喫水が参考になります。古墳時代の準構造船を復元し、大阪から釜山まで実験航海した「なみはや」で最大喫水は七〇センチ以内、同じく熊本県宇《う》土《と》から大阪まで阿蘇凝灰岩の石棺を運ぶ実験航海をした「海王」の平均喫水は二五センチでした。明治八年（一八七五）に着手された淀川改修工事では、かつて難波堀江があった大阪の天満橋から京都伏見の観月橋までの航路の計画水深が、夏冬や干潮時にかかわらず約一・二〜一・五メートルでした。これらを参考にすると、難波堀江は水深一メートルも保てば、十分に通行可能であったと推測できます。『続日本紀』天平宝字六年（七六二）に、安芸国から回航した遣唐使船が堀江の入口（江口）で座礁し破損した記事が出てきますが、遣唐使船の喫水は古代以前の船では格段に深く（一説では二・八メートルに復元）、本来が堀江や川に入ることを意図した類いではありません。

時代は下って承和十二年（八四五）、河内・摂津国に命じ、石川（大和川支流）と竜田川（大和川）の洪流（洪水時の流れ）を導いて西海（大阪湾）に通すために、難波堀川（堀江）に生えた草木を刈って片付けさせています（『続日本後紀』、（　）内は筆者付記）。筆者は長年、通勤の度に淀川を見ていますが、水辺の葦が砂泥を捉えてやがて陸上の草が生え、そこに木が混じってくるのは数年〜十数年の通常の植生の遷移です。この記事のポイントは草だけでなく「木」の刈り払いを命じていることで、洪水のときは木が流木などをトラップし、滞留と増水を引き起こして大変に危険です。そのため現代でも淀川では一定期間を経ると、要所で河川敷内の木を伐採し草を刈っています。また、全体の洪水のメカニズムの捉え方は仁徳紀と変わりません。この記事から大川下流の埋積がすすみ、難波津が機能低下していたという説がありますが、そうではなく、九世紀中頃も難波堀江の維持管理がきちんと続いているると見るべきです。葦を刈り払い野焼きするのは毎年のこと（葦はたいせつな屋根材です）、草木まで刈り払うのは十数年かそれ以上に一度の出来事なので記事になったのだと思います。

　このように見てくると、難波堀江とは、大和川水系が合流する東側から、河口にできたであろう潮汐デルタなどまでの、東西二～三キロの広い範囲の維持管理が必要な施設であったことがわかります。そこには自然のメカニズムを理解し、その営力を利用した繊細な各種の技術が使われていたことでしょう。それでも大きな洪水や高潮・暴浪には為す術はなく、人びとは再度、治水技術を駆使して復旧に取り組んだことと思います。日本書紀仁徳紀の堀江や茨田堤の記事は、状況の分析・把握から具体の対策までよく整理されています。編纂時の七世紀末～八世紀初めまでに蓄積された経験と知識が反映されたのでしょう。それを「聖帝」仁徳の造形に投影したのだと考えます。古来、東アジアの国々の名君の名君たる事績は、何よりも治水であったからです。

3　三国川の開削

治水か交通路の整備か

　周辺の遺跡の動向から、難波堀江は五世紀第二四半期に機能し始めたと考えられますが、これで洪水が解消されたわけではありません。延暦四年（七八五）正月、桓武天皇は使者を遣わし、摂津国の神下《かみした》・梓江《あずさえ》・鯵生野《あじふの》を掘って三国川へ通じさせました（『続日本紀』）。三国川とは今の神崎川のことで、淀川から神崎川へ水が流れるようにしたことを意味します。北摂山地から流れ下る安威《あい》川は、淀川の自然堤防が発達すると淀川に合流できなくなり、大阪府茨木市の東南で曲がり、淀川の北を併走して

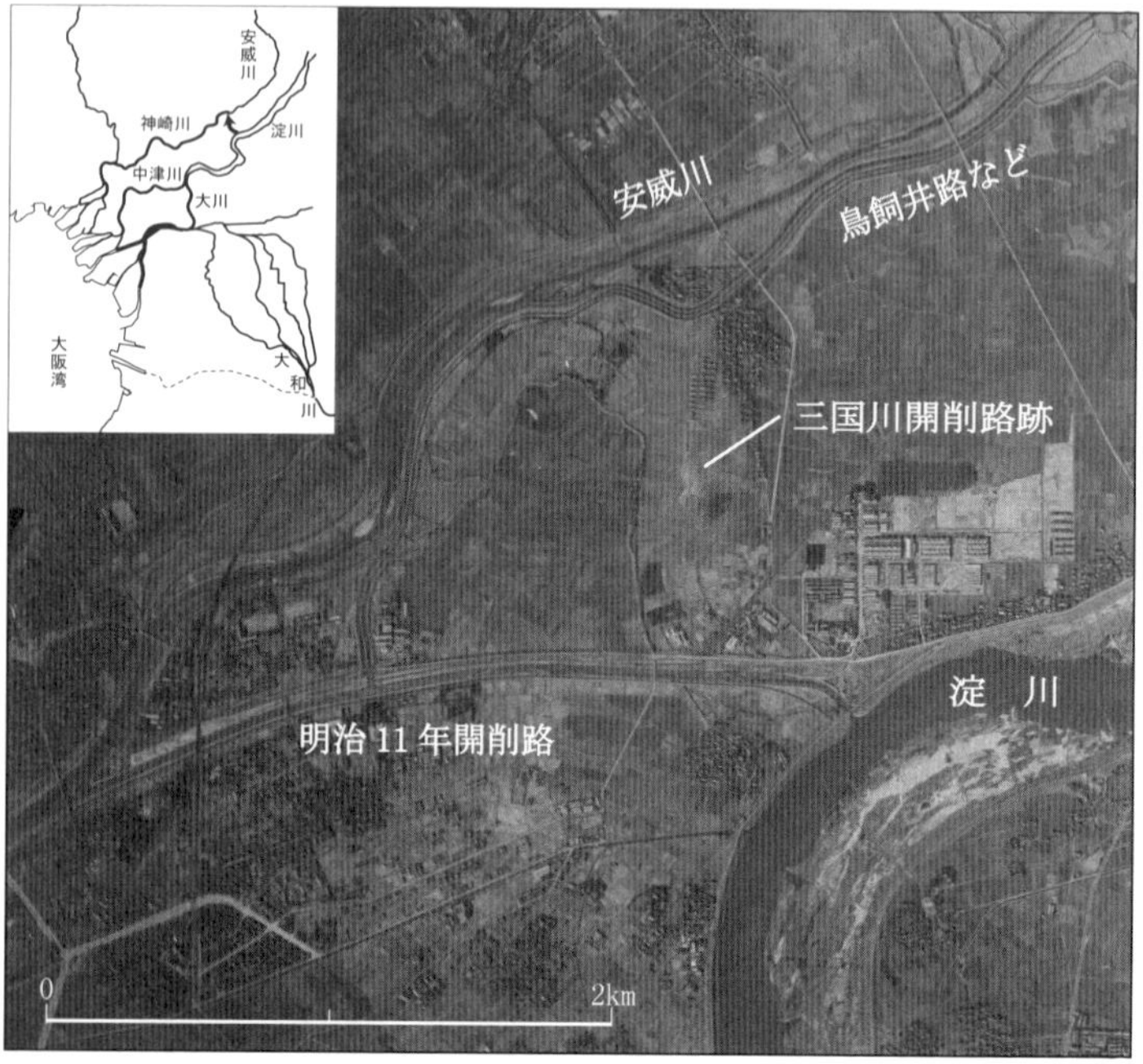

図７　三国川開削路の位置（左上図の矢印）とその跡
（航空写真は 1948 年米軍撮影，国土地理院ウェブサイトより）

いました。この安威川の流路を使って淀川の水を分水したわけです。開削したとされる場所は、大阪府摂津市と大阪市の境付近で（図７）、明治十一年に廃川になった旧河道は、今でも両岸の堤跡をはっきりと視認できます。開削路の入口には鯵生野に音が通じる味生《あじふ》神社（摂津市一津屋《ひとつや》）、右岸堤の上には味《あじ》府《ふ》神社（摂津市別府《べふ》）があり、場所はまちがいありません（以下、三国川開削などの歴史事象は「三国川」、開削路とそれより下流の河川名称は「神崎川」を使用）。

この三国川開削は、洪水対策を目的としたという説と、長岡京へいたる水上交通路の整備を目的としたという二つの異なった考えがあります。難波堀江のように放水路は交通路となり得ますが、ここでは延暦四年当時の動機を問題にします。

筆者は、淀川の蛇行した流路痕跡を利用してつくられた放水路と考えます（南ほか 二〇二三）。通時代的な淀川下流の治水の要諦は、分水点をいくつか設け、周辺に都市機能をもつ大川へ流れ込む水量を調節することにありました。延暦四年の開削地点は、淀川の河川勾配からすると三角州帯への移行点に当たり、放（分）水路を設ける所として理にかなっています。近世に完成された排水路網（井路《いじ》）の排出先が、開削路の出口付近に集まっているのも自然の状態をうまく利用したことを示します。神崎川との分水点の下流には、中津川と大川の分岐点がありました。行基が天平十三年（七四一）以前につくったとされる「吹《すい》（次）田《た》堀川《ほりかわ》」という、淀川から神崎川への放水路もありました。これらを使って、増水時の余分な水を西へ西へと逃がしたわけです（尾田 二〇一七）。高槻・枚方より川下の淀川流域は、後世に井路が張り巡らされたような低地帯でした。ここで淀川の水位を少しでも下げることができれば、流域に広がる農地の排水と灌漑もやり易くなります。

一方、三国川開削を長岡京へいたる水上交通路の整備とみるのは、歴史学者の岸俊男・直木孝次郎、長岡京の都城の研究者たちです。浅瀬となった難波津に対し、淀川と神崎川を連結させて長岡京と瀬戸内海を直接、結びつけようとしたとも（岸 一九八八）、難波京の停止に関与した摂津大夫・和気清麻呂が、淀川から神崎川を経て大阪湾へ通じる水路をつくることで、難波津の機能低下をはかったとも言われます（直木 一九九四）。延暦二年（七八三）三月の和気清麻呂の摂津大夫就任、延暦三年五月の難波京停止の予兆、同年六月の長岡宮造営の開始、同年十一月の桓武天皇の長岡宮遷移、同年十二月の長岡宮造営功労者としての和気清麻呂への賜位、延暦四年正月一日の長岡宮大極殿（難波宮からの移築）での朝賀、同年正月十四日の摂津の三国川開削（いずれも『続日本紀』）。このように並べると、三国川開削は長岡京造営の一環の事業で、和気清麻呂の摂津大夫任命は長岡京遷都への周到な準備であったように見受けられます。長岡京の外港である淀川の山崎津周辺の整備のようすが発掘調査でわかってきたことも、交通路説を補強します。和気清麻呂は摂津職に民部大輔・中宮大夫と兼務し、後に平安京造営を任されるなど、桓武天皇の厚い信任を得て活躍しました。記録からはいかにも辻褄が合うように見えます。しかし、新しく判明した古地形に照らすと不都合な点があります。

今と大きく違う淀川の姿

まず一点目は、難波津を経る大川ルートに比べて、神崎川ルートが意外に遠回りになることです。岸・直木をはじめとする論者が根拠としたのは、梶山・日下らの地形復元です。先述のように、淀川の三角州の発達はそれよりずっと早いことがわかっています。八世紀前後の海岸線をおおまかに言えば、梶山・日下の復元で現在のJR大阪駅から淀川区三国辺りのライン、対して趙らの復元はJR大阪駅からほぼ西に向かい、福島区野田・西淀川区姫島・尼崎市杭瀬辺りを結ぶラインになります（図8）。旧来の説が地下鉄御堂筋線か阪急宝塚線、新しい考えが阪神本線と言えば、関西の人たちにはわかりやすいかもしれません。旧来の地形復元では神崎川ルートは便利になったように見えますが、

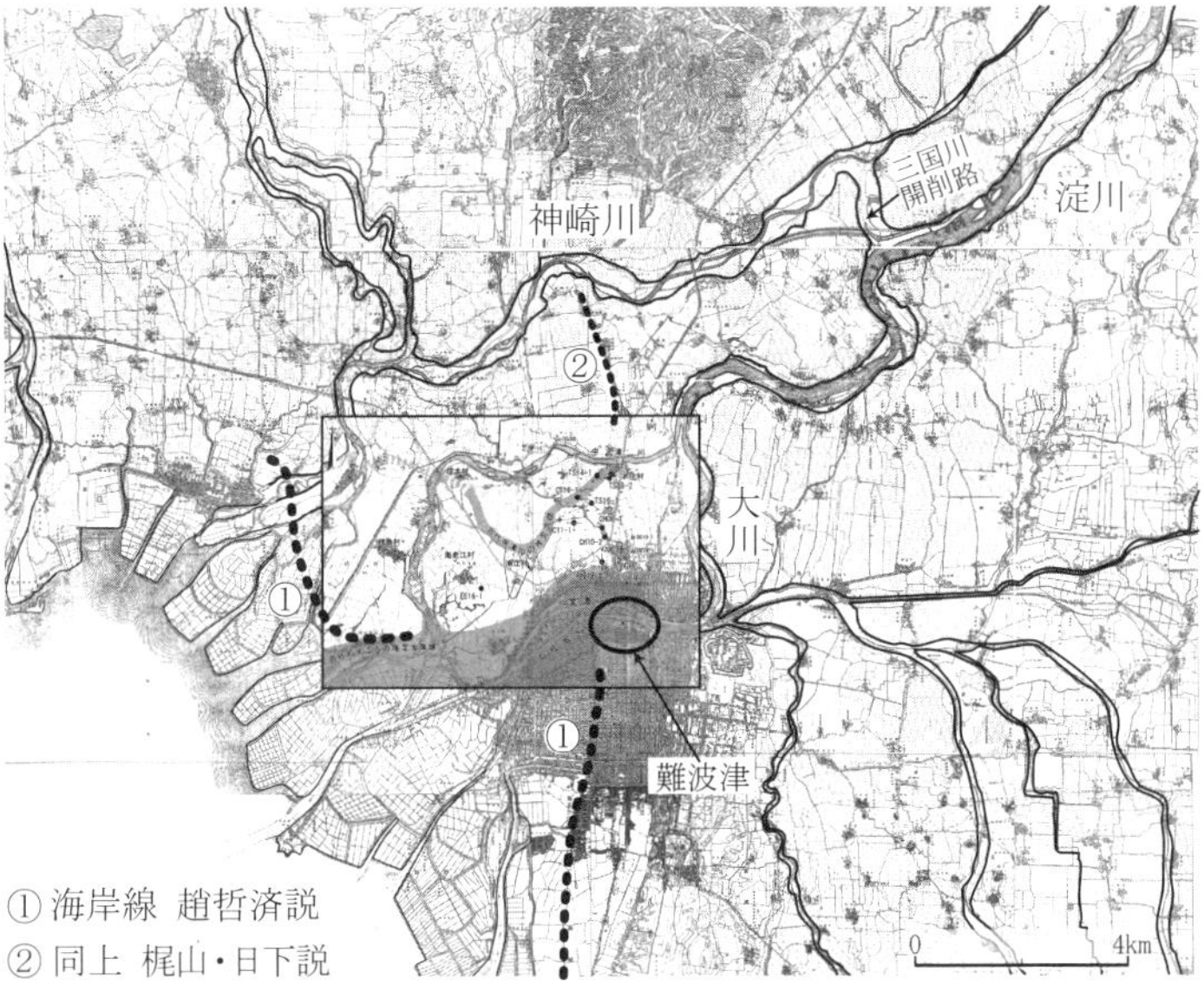

図８　三国川開削頃の海岸線の位置（中央の四角枠内は趙哲済による古代前期の海岸線と中津川流路の復元，地図は明治 17〜21 年測量２万分の１仮製地形図）

実態は、淀川と神崎川の分岐点までの直線距離では、神崎川ルートの方が難波津を通る大川ルートの約　・五倍になり、その分、よけいに川を溯上しなければなりません。

二点目は、今の淀川とかつての淀川の姿がおおきく違っていることです。かつての淀川の流路を復元した別所秀高の最新の研究によれば、中世以前の淀川は激しく蛇行を繰り返し、今日の姿に近くなったのは豊臣秀吉の治水事業以降と考えられます（別所 二〇一九、図9）。蛇行の痕跡は流域の地割によく残っており、高槻市上牧の内ヶ池のように三日月湖も残存しています。江戸時代の京・大阪間の舟運よりはるかに行き来は大変で、可能なら川の航行はできるだけ短く、風波の

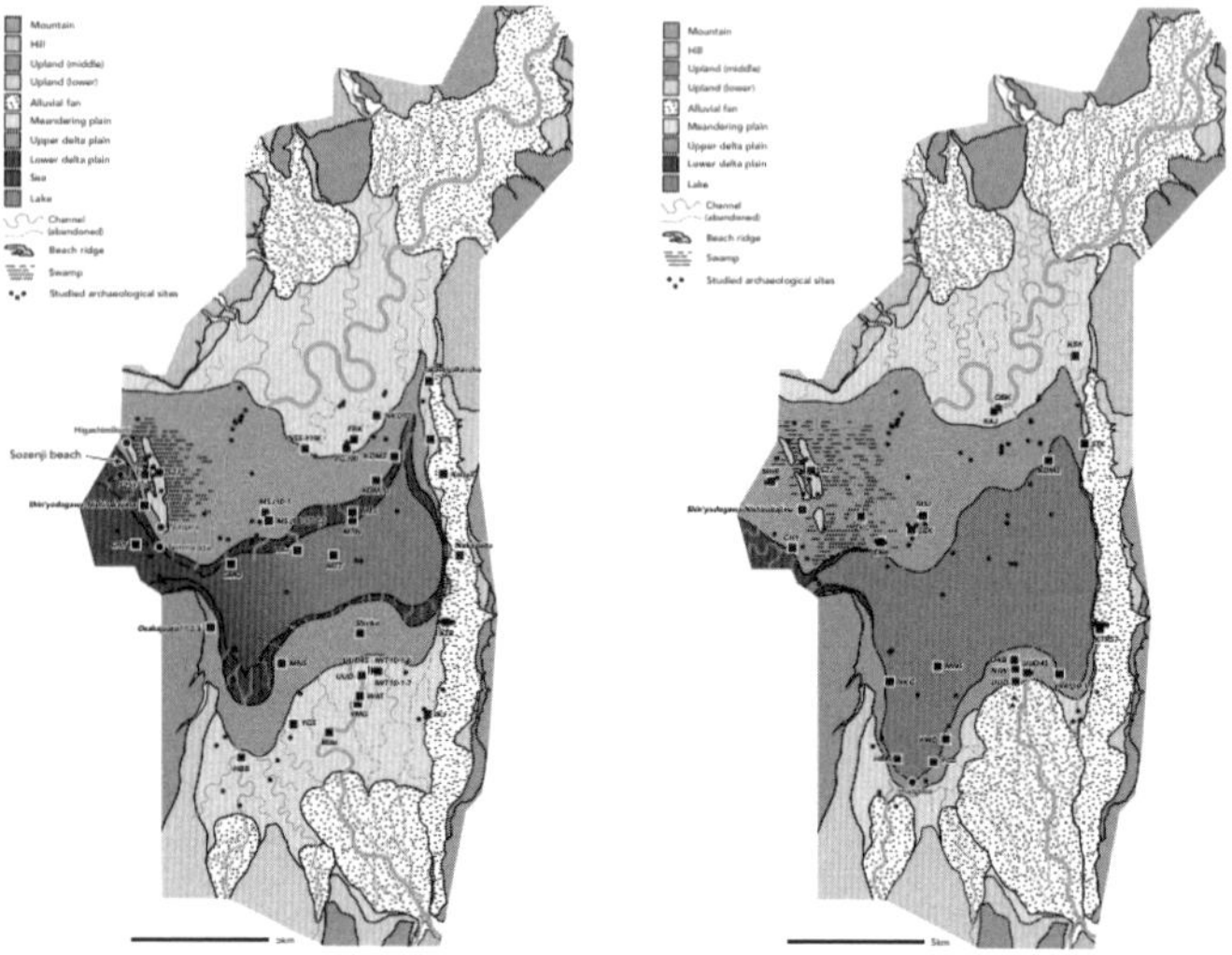

2900-2500 年前　　2500-1900 年前

図９　別所秀高による淀川流路，河内平野の古地理復元（縮尺約 50 万分の 1）

穏やかな大阪湾で船足を稼ぎたいところと思います。時代は下りますが、『土佐日記』の承平五年（九三五）頃二月九日、平安京へ帰る紀貫之一行が淀川の鳥飼（摂津市）付近で、「夜明け前から船を曳きながら川をさかのぼっているが、川の水がなく、「ゐざりにのみぞゐざる」」とあります。渇水期の淀川で船底をこすり、右に左に船体を傾《かし》げるように曳いても遅々として進まないようすをよく表現しています。

三点目に、三国川開削の時点では、神崎川と中津川の河道は定まっていなかったと考えられます。開削地点から下流の三角州帯はほとんど高低差がなく、自然の状態であれば川はどこでも流れ得ました。このような場所では網状の流路が発達します。これらの流路を整理しなければ安定的に航路として利用できませんし、流域低地帯の開発もありえません。淀川下流の三川である、大川・中津川・神崎川の河道はいつ江戸時代の国絵図の姿（明治の新淀川開削より前の姿）になったのでしょうか。筆者は、先述の難波堀江のように大川は五世紀、神崎川は九世紀、中津川はそれよりやや遅れて河道の固定化へ動き出し、十三世頃までには三川とも定まったと考えています（南ほか 二〇二三）。淀川と神崎川が通じたとしても、そこから河口までの約一五キロが、すぐに安定的に航路に利用できたとはとても考えられません。河道の固定化は簡単なことではなく、相当の期間の整備への努力があったと推測します。

三国川開削と河内川付け替えの関係

視野を広げて淀川だけでなく治水系全体でみると、和気清麻呂らの意図がはっきりしてきます。三国川開削から三年後の延暦七年（七八八）、清麻呂は以下の進言をしました。それは、荒陵《あらはか》（大阪市四天王寺付近）の南から河内川（大和川）を西に導き大阪湾に通じさせるというものです（図10）。これにより肥沃な土地が広がって開墾できると言っています。北へ流れていた大和川を、上町台地を横断して西へ流し、流量の減った大和川の旧河道周辺を開墾するというものです。考え方は、約九百年後の元禄十七年（一七〇四）の大和川付け替えと同じです。この計画はのべ二十三万人を動員して失敗しましたが、決して非現実的な企てではありません。川内眷三が歴史地理学の手法で推定した計画ルートは（川内 二〇一七）、趙哲済の上町台地の古地形復元により、開析谷を巧みに利用していることがわか

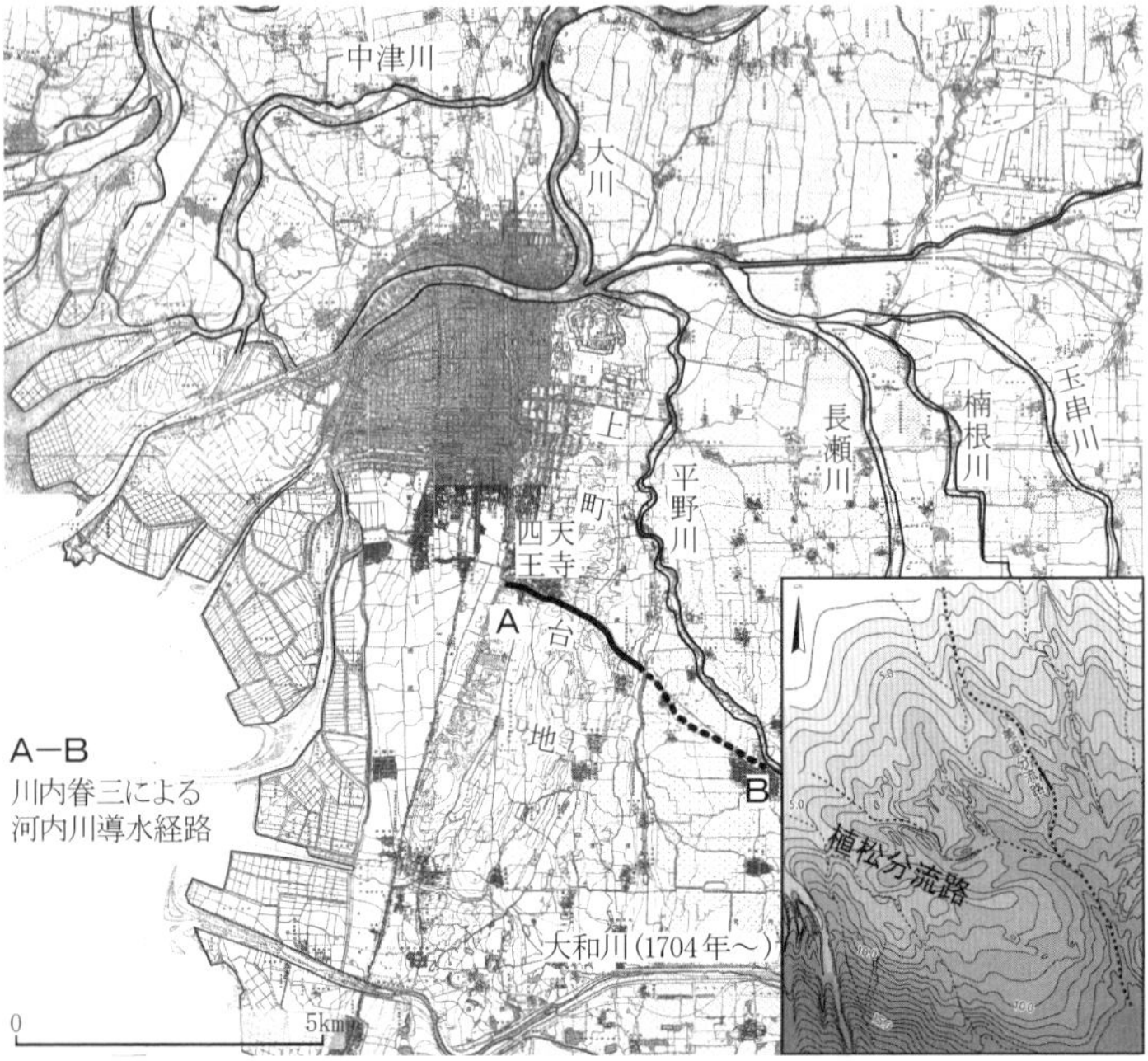

図10　和気清麻呂の河内川（大和川）付け替え経路（右下の四角枠内は大庭重信らによる奈良時代の大和川主流路の復元，地図は図8と同様）

りました。また、弥生～奈良時代の河内平野南部の古地形と流路の変遷を復元した大庭重信らによれば、当時、計画ルート上には、主流路（旧長瀬川に近い）に次ぐ流量の植松分流路（旧平野川に近い）があったそうです（大庭ほか 二〇二〇、図10参照）。

三国川開削によって大川への流量を調節したように、河内川の付け替えによって大和川主流路の流量を減らすことが可能となります。二つの流路は上町台地の北東で合流し、難波堀江に通じます。両川の事業は、合流点の流量を制御することに役立ちます。淀川水系と大和川水系の合流点の処理は、元禄十七年の大和川付け替えによって解決されるまで、大阪の治水における最大の課題でした。延暦四年の三国川開削と延暦七年の河内川付け替えは、同様の意図の下の一連の治水事業であったと考えられます。

難波津・難波堀江と難波宮

遣唐使船の座礁や難波堀江での草木の刈り払いが、必ずしも難波津の埋積やその機能低下と結び付かないことは先述したとおりです。延暦八年（七八九）十一月、摂津職《しき》が公私の使いを調べて通過させること（勘過）を停止します。これは、同年七月に、通利の便と公私の往来を損なっているとして、伊勢・美濃・越前の三国の関を停止したこと（『続日本紀』）と一連の施策です。難波（津）の人流を円滑にすることが本旨と考えます。当時の難波津は現在の大阪市中央区北浜から淀屋橋付近と推定され（図8参照）、この地域の発掘調査では奈良～平安時代の大量の遺物が出土します。趙らの古地形復元では、船溜まりに使える入江や潟湖《せきこ》がありました。延暦三年（七八四）からの難波宮の長岡宮への移建、難波京の停止による延暦十二年の摂津職から摂津国への改組にかかわらず、難波津推定地周辺で出土する遺物量にはほとんど変化が見られません。変わらずに継続、繁栄していたことを示しています（佐藤 二〇二三）。

宝亀二年（七七一）の光仁天皇の難波宮行幸を除けば、七六〇年代以降の難波宮は物資の貯蔵・備蓄機能を専らとしていたようです。難波宮や難波での物資の調達のようすは正倉院文書や『続日本紀』に出てきます。宮に常駐した役人の数も少なく（栄原 二〇二二）、すでに大極殿《だいごくでん》・朝堂《ちょうどう》を使用するような政治的機能は失われつつあったと推定されます。八世紀後葉には、難波京や条坊の枠組みではなく、北の難波津・難波堀江の周辺と、南の四天王寺周辺へと、都市機能の二極分化が始まっていました（佐藤 二〇一九）。

ここが、平城京・平安京などの内陸の都城と難波宮・京の大きな違いです。五世紀以降の都市の形成過程をたどると、難波津と難波堀江を中心とした物流・人流・外交の機能が、難波長柄豊碕宮や難波宮をこの地に引き寄せたと考えられます。遷都や宮殿が、港や運河を生み、育んだわけではありません。それゆえ、難波京停止の経済的影響は小さく、難波津と難波堀江周辺は中世の港湾都市「渡辺」へ繋がっていきました。大阪にとって、港湾・物流機能の維持は宮殿の存否以上の死活問題で、そのための治水・利水には最大限の関心と努力が払われたことと思います。

参考文献

大庭重信・別所秀高・井上智博・櫻田小百合・大木要『先史・古代の河内平野南部地域の古地理復元を通じたジオアーケオロジーの実践研究』大阪市文化財協会編、二〇二〇年

尾田栄章『行基と長屋王の時代　行基集団の水資源開発と地域総合整備事業』現代企画室、二〇一七年

梶山彦太郎・市原実『大阪平野のおいたち』青木書店、一九八六年

角林文雄「難波の堀江・茨田堤・恩智川」『日本書紀研究』一〇、塙書房、一九七七年

川内眷三『古墳と地溝の歴史地理学的研究』和泉書院、二〇一七年

岸　俊男「平城京へ・平城京から」『日本古代宮都の研究』岩波書店、一九八八年
日下雅義『古代景観の復原』中央公論社、一九九一年
小山田宏一「難波堀江の開削地点とその地形環境に適応した治水施設」『大阪府立狭山池博物館研究報告』一一、二〇二〇年
栄原永遠男「後期難波宮の内実」『難波古代史研究』和泉書院、二〇二二年
佐藤　隆「古代難波地域における開発の諸様相―難波津および難波京の再検討―」『大阪歴史博物館研究紀要』一七、二〇一九年
佐藤　隆「古代難波に営まれた特異なる〈海の都〉―難波宮・京の〝副都説〟を問い直す―」『大阪歴史博物館研究紀要』二一、二〇二三年
趙哲済・松田順一郎・松尾信裕『大阪百万年の自然と人のくらし』日本第四紀学会二〇〇三年大阪大会実行委員会編、二〇〇三年
趙哲済・市川創・高橋工・小倉徹也・平田洋司・松田順一郎・辻本裕也「上町台地とその周辺低地における地形と古地理変遷の概要」『大阪上町台地の総合的研究』大阪文化財研究所・大阪歴史博物館編、二〇一四年
直木孝次郎「難波宮の停止と和気清麻呂」『難波宮と難波津の研究』吉川弘文館、一九九四年
別所秀高『瀬戸内海東端に位置する河内平野の考古遺跡などから得られた完新世海水準変動と地形発達史』関西大学博士論文、二〇一九年
南秀雄・趙哲済・杉本厚典・小山田宏一・大庭重信・中条武司・角哲也・別所秀高『大阪中心部における五～一七世紀の治水・水防遺構と都市形成過程の研究』大阪市文化財協会編、二〇二三年

コラム〈1〉　飛鳥京跡苑池

林部　均

苑池の概要と造営時期

飛鳥京跡苑池は、飛鳥時代の王宮である飛鳥宮跡の北西、飛鳥川との間にあります。平成十一年（一九九九）に奈良県立橿原考古学研究所による発掘調査で、その存在が明らかとなりました。その後、令和三年（二〇二一）までに十五回の調査が実施され、ほぼ概要がわかりました。

飛鳥京跡苑池は南北二つの池（南池・北池）と渡堤と水路、その周囲に配置された建物群から構成されます（図1）。飛鳥にあった大王や天皇の王宮（以下、飛鳥宮跡と総称）に隣接して造営されました。池を囲むように門と区画塀などがみつかっています。

飛鳥京跡苑池は、出土した土器などから、少なくとも飛鳥宮跡Ⅲ期遺構の前半段階（Ⅲ-A期）、斉明天皇の後飛鳥岡本宮の時期（六五六年―）には存在したと考えられます。そして、一回の大規模な改修を経て、Ⅲ期遺構の後半段階（Ⅲ-B期）、天武天皇、持統天皇の飛鳥浄御原宮の時期（六七二年―）も機能し、さらに藤原遷都（六九四年）後も、飛鳥宮跡に王宮機能の一部が残っている

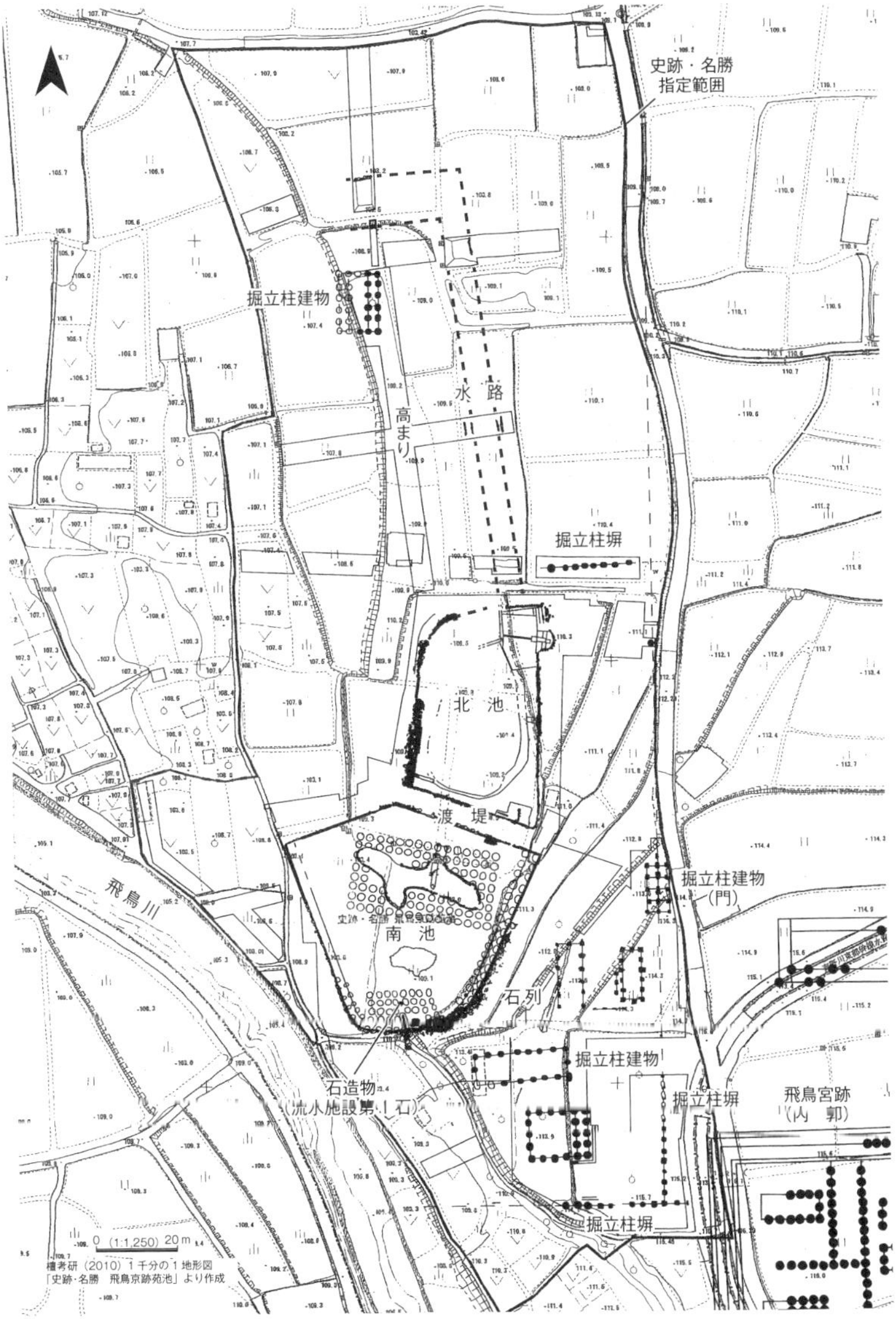

図１　飛鳥京跡苑池遺構配置図（奈良県立橿原考古学研究所『飛鳥の王宮と苑池』2020年より）

間は存続したとみています。

苑池の構造

南池、北池ともに横穴式石室の壁面を彷彿させるような石組みで護岸がなされています（図2）。南池には張り出しをもつ中島があります。そして、その周囲の池底では、多くの柱穴が規則正しく並んでみつかりました。中島を取り巻くような桟敷状の施設の存在が想定されています。かつて南池のすぐ南には出水の酒船石《さかふねいし》と呼ばれる石造物がありましたが、大正年間に持ち出されてしまって今はありません。その酒船石と一体となって流水施設として使われたと推定される石造物が南池の南端、池の中からみつかっています（図3）。南池は飛鳥川の上流から水を引いて、酒船石などの流水施設を使って池に水を溜めたと考えられます。これらの施設の周辺でも池底に柱穴が規則正しく並んでみつかっています。中島と同様、桟敷状の施設があったとみてよいでしょう。ここで、流水施設を使って、何らかの儀式が行われたのではないかと

図2　南池の東壁の石積みと池底の敷石（以下図7まで奈良県立橿原考古学研究所提供）

考えられます。また、南池は池底全面に石が敷かれています。水が溜まっても石敷きが見えるように工夫されていたのだと思います。流水施設を使って引き込んだ水が澄んだものであったことがわかります。

一方、北池は池の周囲の護岸は南池とよく似ていますが、池底は縁のところのみに石が敷かれるだけで、それ以外のところは石が敷かれた形跡はありません。北池では池底が見えることは意

図３　南池の流水施設　第１石

図４　北池西南部の階段状の石積み

図５　北池北東部　流水施設

図６　北池北西部　流水施設全景

識されていなかったと推定できます。このことからも、南池と北池では同じ池であっても、何らかの役割の違いがあったことがわかります。また、北池の西岸は、ゆるやかに曲線を描きつつ、階段状になっていて、池に途中まで降りることができます（図４）。ちょうど野球場の観覧席のイメージがぴったりかと思います。北池の北東端では、天理砂岩というレンガのように直方体に切り出すことのできる石を積み上げた方形区画の流水施設がみつかっています（図５）。私も発掘調査の時に見学しましたが、方形区画の奥ではこんこんときれいな水が湧いていました。そして流水施設の周囲には人頭大の平らな石を敷き詰めた石敷きの広場がありました（図6）。ここでも流水施設を使って何らかの儀式が行われたと推定できます。

北池の北には水路が飛鳥川にむかって伸びています。発掘調査がはじまった当初は、水路は北池に接続しているものと考えられていましたが、実際に、その接続部を調査したところ、北池と水路は接続しておらず、北池の北岸と水路の南岸との間には砂利が敷かれた空間があり、南北方向の細い石組溝でのみ、つながっていることがわかりました。北池をオーバーフローした水だけが石組溝を通り水路に流れる構造になっていました。また、北池の西岸は、北岸とはつながらず、さらに円弧を描くように北にのびていることが明らかとなりました。北池の北方については、今後の調査が期待されるところです。

図7　渡　堤

北池と南池の間にあるのが渡堤です（図7）。長さ三二・五メートル、幅五メートル、壁はほぼ垂直に石を積み上げて護岸としています。池の東にある門と西にあった施設とをつなぐ役割をもっていたと推定されますが、池の西は飛鳥川の氾濫により、すでに壊されていて、何があったのかはわかりません。そして、南池と北池をつなぐように木樋《もくひ》が設置されています。この木樋をとおして、南池の水は北池へと排出されました。

南池・北池の東では掘立柱建物・塀がみつかっています。池のすぐ東でみつかった建物は、塀が取り付いていることから門と考えられます。門の規模が大きいので大王や天皇が苑池に出御するときの門とみてよいでしょう。ただ、東に隣接して大型建物とその南に柱筋を揃えた建物がセットで並んで見つかっていることから、この建物群とのかかわりも気になるところです。

苑池の機能と系譜

飛鳥京跡苑池では、南池の南端、北池の北東隅で流水施設がみつかりました。南池で見つかった流水施設は、出水の酒船石と一体となるもので、形態が似た石造物が飛鳥宮跡の東の丘陵にある酒船石遺跡の中央にもあります（一般的に酒船石と呼ばれている石造物）。また、北池の北東隅で見つかった流水施設は、酒船石遺跡の丘陵下で見つかった亀形石槽と小判型石槽を組み合わせた流水施設に類似しています。それぞれ、水を流すことによって、何らかの儀礼をしたことまでは想定できますが、具体的にどのようなことをしたのかまでは推定の域をでません。

さて、このような苑池はどこに系譜があるのでしょうか。大規模な池や石積み護岸といった特徴は、新羅の王都である慶州の月城のすぐ東にある月池（雁鴨池）と共通しており、そこに系譜が辿れるのではないかと私は考えています。さらに月池の東南端では、飛鳥京跡苑池によく似た石槽を使った流水施設もあります。こういった新羅の影響のもと、飛鳥京跡苑池は造営されたのではないでしょうか。

ところで、近畿地方を中心に古墳時代の導水施設がみつかっています。水を引き込んだ木樋とそれを覆う簡単な建物や導水路、貯水池などで構成されます。その周辺からは祭祀に使った道具なども出土しています。また、このような導水施設を粘土でかたどった埴輪もみつかっています。これらも水にかかわる儀礼を示すものと考えて問題はないと思います。こういったものと飛鳥京跡苑池とのかかわりですが、古墳時代の導水施設と苑池の流水施設は、水を流して儀礼をするという点では似ていますが、大規模な苑池をともなうものではないということや、苑池の流水施設を覆うような施設が存在しないということなどから、直接的なつながりを考えることについては躊躇せざるをえません。しかし、水とのかかわりという点では、似たような性格をもったことは否定できません。すなわち、水を確保する、水を制御するということは、どの時代においても、支配者にとっては、きわめて重要なことでした。そのような儀式を王宮のそばの苑池で実施していたとしても不思議なことではありません。

苑池造営の歴史的意義

古代中国において、苑池は皇帝の支配領域に生息したり、産出したりする珍しい動物や植物、樹木、石材などを集めてきて、それらを配置してつくられました。また、支配領域にある特別な景観をそのまま再現することもありました。苑池とは、皇帝の支配領域を観念的に示すための、きわめて象徴的な舞台装置としての機能をもっていました。そこで、王宮に付属して必ず禁苑がつくられました。飛鳥京跡苑池と同じ時代の唐の長安城では、王宮の北に漢以来の長安城も取り込んだ大規模な禁苑がつくられました。漢以来の長安城を取り込むことによって、王朝の正統性を示すとともに、その中には皇帝を警護するための最強の軍団が配置されました。また、洛陽城にも、その西に大規模な禁苑がつくられました。日本では平城宮の北に松林苑という、天皇が使う庭園がつくられました。これが禁苑にあたると言われています。その原形となるのが、ここで紹介した飛鳥京跡苑池であることは言うまでもありません。飛鳥京跡苑池は飛鳥宮跡Ⅲ期遺構の前半、斉明の後飛鳥岡本宮段階には確実に存在しました。この時期に中国の禁苑の思想が取り入れられ、苑池が造営されたことは意義深いことだと考えます。

「動物園」としての苑池

ここまで飛鳥京跡苑池の概要を紹介するとともに、その機能と系譜や造営の意義について簡単に述べてきました。

最後に今後の課題ということで、飛鳥京跡苑池をみてみたいと思います。『日本書紀』によりますと、飛鳥時代後半、ヒグマやラクダ、ロバ、オウム、クジャクなど、生きた動物や鳥などが国内をはじめとして新羅などからも献上された記事が見られます。そういった動物や鳥はどこで飼育されたのでしょうか。私は飛鳥京跡苑池であったと考えています。このことは苑池のもつ本来的な性格とも一致していて、その可能性は高いと思います。苑池では、その遺構の性格から、動物や鳥・植物の痕跡が残ります。動物や鳥であれば骨、植物であれば枝葉や花粉などです。それらを丹念に分析していけば、苑池の実態がより具体的に明らかとなるのではないでしょうか。苑池そのものは、きわめて政治的な性格をもってつくられたと思われますが、その実態は、意外と楽しい空間、「動物園」であったのではないでしょうか。こういった二つの側面をもつのが飛鳥京跡苑池の特徴とみてよいと思います。

参考文献

小野健吉「飛鳥京跡苑池遺構のなかの動物園」『奈良文化財研究所紀要二〇〇三』二〇〇三年

奈良県立橿原考古学研究所『史跡・名勝　飛鳥京跡苑池（一）』二〇一二年

奈良県立橿原考古学研究所『飛鳥京跡苑池　第一五次調査』二〇二二年

第4章　ため池の造営伝承と記録

三上喜孝

はじめに――水の確保と「神話の世界」――

医師・中村哲さん（一九四六―二〇一九）の活動を描いた『荒野に希望の灯をともす』（監督：谷津賢二、二〇二二年公開）というドキュメンタリー映画があります。私はそれまで、パキスタンやアフガニスタンで医師として活躍した中村哲さんの功績をほとんど知らなかったのですが、この映画を観て全貌を知ることができました。

中村さんは医師としてパキスタンやアフガニスタンに自ら志願して赴き、無医の地域に診療所を作っていきます。少しずつ活動の幅を広げて、多くの人たちの信頼を得ていくようになっていきました。しかし、医学的な治療には限界があり、病気の根本原因は「飢え」であることに思い至った中村さんは、干ばつにより枯れていく大地を潤すための用水路を作るという突拍子もない計画を思い付きます。土木工学を一から勉強し、自然の脅威に悩まされながら、枯れた大地に水をたたえた長い用水路を作ることにより、あたり一面砂漠だった土地が、数年経って森に変わりました。それだけではなく、その土地で諦めかけていた農作物の豊かな稔りも可能になったのです。

探検作家の高野秀行さんが旧 Twitter で「医師が独学で土木工学を学び、30キロ近い用水路を建設し、砂漠だった地域が田畑や森になって今、65万人以上が暮らしているなんて、ほとんど神話の世界。現代日本が生んだ最高の偉人はどう考えても中村哲先生」（二〇二三年八月二十八日）と書いていましたが、まさに「神話の世界」と表現するにふさわしい奇跡の活動です。

冒頭からいきなり中村哲さんのエピソードを紹介したのは、生きていく上で水を安定的に確保することが当然必要なことであり、それを成し遂げた人物が後世に語り継がれるほどの神話性をもつ人物として評価されているということに、あらためて気づかされるからです。私の専門は日本古代史ですが、古代の歴史書などをひもとくと、ため池や堤などを造営した記事がわざわざ書かれています。その背後には、自然と格闘しながら安定的な水の確保につとめた人びとの存在があります。その人びとは、どのような形で後世に伝えられたのでしょうか。本章ではそうした関心から、古代におけるため池や堤の造営伝承について考えてみることにします。

1 『日本書紀』にみえる池と堤の造営

初期天皇記事に多いため池の記録

日本最古の歴史書とよくいわれる『日本書紀』には、ため池を造営した記録がしばしば書かれています。それらを見てみることにしましょう。

ため池の造営に関する記事は、第十代の崇神天皇紀から始まります。初期の天皇は、実在性が疑われたり、仮に実在したとしてもその実年代が不明な場合が多く、記事の年代を確定することは難しいのですが、それだけに冒頭で述べたような「神話の世界」として語られていることと相性がよいということなのかもしれません。おもなため池の造営の記事を表にまとめましたが、畿内を中心に、比較的初期の天皇の時代に集中的に造られたという伝承があることがわかります。重要なことは、ため池の造営に関する記録が、『日本書紀』の中に厭うことなく収められているということです。なぜ、ため池の造営の記録をわざわざ残したのでしょうか。そのことを考える前にまず、ため池の造営に言及した記事を選んで『日本書紀』にどのように書いてあるか、見ていくことにしましょう。

【史料1】『日本書紀』崇神天皇六十二年条

六十二年秋七月乙卯の朔の丙辰（二日）、天皇は詔して、「農業は天下の大いなる基である。民の

表 『日本書紀』に登場するため池（崇神～履中）

池名	『日本書紀』該当条	比　定　地
依網池	崇神天皇六十二年条	大阪市住吉区にある大依羅神社周辺か
苅坂池	崇神天皇六十二年条	未　詳
高石池	垂仁天皇三十五年条	大阪府高石市付近か
茅渟池	垂仁天皇三十五年条	大阪府泉佐野市付近か
倭狭城池	垂仁天皇三十五年条	奈良県奈良市
迹見池	垂仁天皇三十五年条	奈良県大和郡山市
坂手池	景行天皇五十七年条	奈良県磯城郡田原本町阪手
韓人池	応神天皇七年条	奈良県磯城郡田原本町の唐古池か（『大和志』）
剣　池	応神天皇十一年条	奈良県橿原市石川町付近か
軽　池	応神天皇十一年条	奈良県橿原市の大軽町から石川町にかけての一帯か
鹿垣池	応神天皇十一年条	未　詳
厩坂池	応神天皇十一年条	奈良県橿原市石川町付近か
茨田堤	仁徳天皇十一年条	大阪府寝屋川市
和珥池	仁徳天皇十三年条	大阪府富田林市粟ヶ池町の粟ヶ池か
横野堤	仁徳天皇十三年条	大阪市生野区巽大地町の平野川の堤か
磐余池	履中天皇二年十一月条	奈良県桜井市中西部から橿原市東部にかけての地か
石上溝	履中天皇四年十月条	奈良県天理市布留町付近か

生きるようすがである。いま、河内の狭山《さやま》の埴田《はにた》は水が少なく、そのため、その国の人民は農業を怠っている。さあ、池と用水路を多く切り拓き、民の生業を広めさせよ」と言った。

この条では、民衆が生きるためには農業が必要であり、そのためには水が必要だと語っています。その限りではあたりまえのことを言っているに過ぎませんが、農耕を基盤とする社会とする考え方が古くから存在したことがわかります。

もう一つここで注目したいのは、『日本書紀』の原文には「池溝」という言葉が出てくることです。これは、古訓では「ウナテ」と読みますが、池だけではなく、当然のことながら用水路もセットに開発してこそ、民衆の生業をひろめることになるというわけです。

【史料2】『日本書紀』垂仁天皇三十五年条

この年、諸国に命じて、用水路を多く掘らせた。その数は八百に及んだ。農業を大事にしたことで、人民は富み豊かになり、天下は太平となった。

この条でも原文には「池溝」という言葉が使われています。「八百」とは実際の数ではなく、「たくさんの」という程度の意味だと思われますが、やはりここでも、民衆の生業の基本が農業で、そのためには池や用水路の開発が必要であるという考え方が示されています。

【史料3】『日本書紀』応神天皇七年九月条

七年秋九月、高麗人・百済人・任那人・新羅人がそろって来朝した。時に、武内宿祢に命じ、これら諸々の韓人たちを率いて池を作らせた。それに因み、池を名づけて「韓人池」と称した。

この記事も興味深いものです。『日本書紀』によれば、神功皇后のいわゆる「三韓征伐」の伝承をふまえて、その子どもの応神天皇の代に韓半島から多くの渡来人が来朝してきたという文脈からこのような伝承が生まれたのかもしれません。しかし実際のところ、ため池の造営については古代の韓半島の六世紀の石碑にも記録がありますので（後述）、新たな池の造営技術がある段階に渡来人によってもたらされたことを示しているともいえるでしょう。

築堤と人身御供伝承

次に、やや長いですが、堤の改修についての伝承です。

【史料4】『日本書紀』仁徳天皇十一年十月条

冬十月、宮の北側の野原を掘削し、南から水を引き入れて西の海に流した。それで、その水路を名づけて堀江といった。また、北の河の氾濫を防ごうとして、茨田堤《まんたのつつみ》を築いた。この時、築造した堤に壊れやすいところが二箇所あった。時に、天皇の夢に神の教えがあり、「武蔵の人強頸《こわくび》・河内の人茨田連《まんたのむらじ》衫子《ころものこ》〈衫子は、ここではコロモノコという〉の二人を捧げて河の神を祭れば、必ず塞ぐことができよう」と言った。そこでただちに二人を捜し求めて見つけ出し、河の神に捧げて祈ることになった。ここに、強頸は泣き悲しみながら水に沈んで死んだ。すると、その堤は無事成った。ただ、衫子はまるごとのヒョウタンをふたつ手に取り、水を塞ぎがたい箇所に臨むと、その手に持ったふたつのヒョウタンを水に投げ入れ、祈誓して、「河の神が祟って、私を捧げ物とした。それで今私はここに来た。必ず私に手に入れたければ、このヒョウタンを沈めて浮かばぬようにしてみせよ。そうして本当の神だとわかったら、自ら進んで水の中に入ろう。もしもヒョウタンを沈めることができなければ、自ずと偽の神であるとわかろう。そのときはどうして無駄に我が身を亡ぼしたりしようか」と言ったすると、にわかに突風が吹き、ヒョウタンを水に引き入れて沈めようとしたが、ヒョウタンは水を波の上を転がるばかりで沈まず、そのまま急流に浮かんで遠くへ流れ去った。かくて、衫子は死を免れ、堤もまた成った。衫子はその才覚によって、身を滅ぼすことがなかったのである。それで、時の人はその堤の二箇所を名づけて強頸断間《たえま》・衫子断間と呼んだ。

洪水や高潮を防ぐことを目的として、現在の大阪府寝屋川《ねやがわ》市付近から南流する淀川を西に曲げるために築堤しようとしたのが、茨田堤です。どうしても決壊してしまう二箇所に、武蔵の人強頸と河内の人の茨田連衫子の二人を川の神に生贄《いけにえ》として祭ることになり、それぞれの箇所に一人ずつが人柱となりました。強頸は泣き悲しみながら入水したが、衫子は瓠《ひさご》（ひょうたん）を河に投げ入れ、もし瓠が沈まなかったら、その神は偽りの神だとして、瓠を投げ入れると、瓠は沈まず、これにより衫子は犠牲になることなく堤が完成した。という伝承です。

この説話には、生きている人間の代わりに瓠を身代わりとすることでも堤が無事に完成したことが記されており、身代わりとなる器物も有効なものとして認識されていたことがわかります。

現実の力ではどうにもできないことに対して生身の人間を犠牲にすることで達成しようとする考えは古くから存在したと考えられますが、一方でそれが身代わりとなる代替物であっても同様の効果をもたらすという社会的合意がなされていました。この伝承ではそのことが対比的に示されますが、実際に入水した強頸が武蔵（今の東京都・埼玉県）の人で、瓢を代替物として自らの死を免れた衫子が当時の先進地域であった河内の人という対比は、合理的な思考が王権の所在する地域から徐々に地方に広まっていくという当時の人の認識も示唆しているように思えます。

2　古代地方社会における池の造営と改修

箭括麻多智の伝承

次に、天皇（王）のいた畿内周辺ではなく、地方社会における池の造営について考えてみましょう。私を含めて、古代史の研究者が好んで引用する史料のひとつに、「箭括麻多智《やはずのまたち》」の伝承というものがあります。これは、八世紀前半に編纂された常陸国（現在の茨城県）地誌のひとつである『常陸国風土記《ひたちのくにふどき》』行方《なめかた》郡条にみえる伝承です。その伝承とは、次のようなものです。

【史料5】『常陸国風土記』行方郡条（前半）

古老が曰うには、継体天皇の時代、常陸国行方郡（現在の茨城県）に箭括麻多智という人物がいた。あるとき、谷にあった葦原を切り開いて、田を開墾しようとすると、夜刀《やと》の神が群がってあらわれた。「夜刀の神」とは、もともとこの谷地に住んでいる蛇のことで、地元の人びとは、これを「夜刀の神」とよび、この谷地に住む神としておそれていたのである。夜刀の神は、箭括麻多智が、この谷を開墾することに対して、抗議する意味であらわれたのであった。

これに対して箭括麻多智は、甲鎧と杖を身につけて、夜刀の神を撃退してしまった。そして、山の登り口のところに、土地の境界のしるしとなる梲（杖）を立て、夜刀の神に告げて言った。「ここより上の山側は神の土地、そして、ここより下を人間の土地とする。これからは、私が土地の神を祭る者となって、永久に敬い祭ることにしよう。どうか祟らないでほしい」

かくして、箭括麻多智はその谷地を開発するかわりに、夜刀の神を祭るための神社をつくった。そして彼の子孫たちも、あとを継いで代々この神社のお祭りを担当したのだった。

継体天皇の時代とは、六世紀前半頃にあたると考えられますが、谷の開墾に乗り出した箭括麻多智は、山の登り口のところに、人間と土地の神との境界を示すための柱を立てたというのです。この説話は、そのころの人間と土地とのかかわりを知ることのできる、興味深い史料です。この土地に住む当時の人々は、人間よりも前にこの地に住んでいた蛇を「夜刀の神」としておそれていました。

そして、土地を開発する際には、夜刀の神と合意が必要であると考えられていました。それゆえ、人間の開発できる地域と、土地の神が所有する地域との間に境界を設けて、両者の共存を図ったのです。この記事からは、本来開発は無制限に行えるものではなく、土地の神に十分配慮しなければならなかったことを示しています。

箭括麻多智から壬生麻呂へ

さてこの伝承には続きがあります。『常陸国風土記』には、この土地のその後について、次のように伝えてます。

【史料6】『常陸国風土記』行方郡条（後半）

箭括麻多智の時代から百年以上たった、孝徳天皇の時代、こんどは壬生麻呂《みぶのまろ》という豪族がその谷を占有することになった。池の堤を築こうとしたときに、ふたたび夜刀の神が池のほとりに集まってきた。

壬生麻呂は、いつまでも去ろうとしない夜刀の神に向かって叫んだ。「この池をつくって、君主に誓って配え下の民を生かそうとしているのだ。なぜ神が君主のもとに従わないのか」。つぎに池をつくるために動員された人びとに向かって言った。「目に見えるさまざまなもの、魚や虫のたぐいは、遠慮せずにことごとく打ち殺せ」と。これを聞いた夜刀の神は、その場を去って、隠れてしまった。

孝徳天皇の時代（六四五―六五四）とは、七世紀半ば、教科書的にいえば大化改新が行われた時期にあたります。この時期に、箭括麻多智にかわってこの土地の開発をすすめた壬生麻呂は、自然との共存をはかろうとせず、むしろ君主の命令のもとに、問答無用に土地開発を行う、という姿勢をみせたのです。この時期の支配者は、自然の神との契約をあるていど無視しても、労働力を集約して池を作り上げることのほうが理想とされたのです。

七世紀後半という時代はちょうど、中国的な律令制度が導入されようとする時期にあたります。この時期、土地の開発を国家主導で行うという人間中心主義的、合理的な考え方が理想とされたのかも知れません。実はこの考え方の変化こそが、日本列島が律令制度を建前とする中央集権国家へ変貌することを思想的に支えたのです。

奈良県薩摩遺跡出土の木簡

二〇〇八年（平成二十）に、この伝承を彷彿とさせる木簡が奈良県高取町の薩摩遺跡から出土しました。

薩摩遺跡からは、二本の尾根に挟まれた谷地形の中に、古代に築造された池が発見されました。さらに、翌二〇〇九年の調査では、池の堤、およびその内部に設置された木製の樋《ひ》や、池の水を下流に配るための放水路などを検出しました。農業灌漑用の池であると推定されています。

池の堤は、初めて築いた後、三回にわたる拡張工事がなされていて、そのたびに木製の樋が改修されています。このため、合計四期分の木樋が出土したことになります。一連の築造や改修工事は、奈良時代~平安時代にかけて行われたと考えられます。

木簡は、その池の中の堆積土から出土しました。

【史料7】奈良県薩摩遺跡出土木簡（釈文は『木簡研究』三二号、二〇一〇年による）

・「田領卿前□〔拝〕中　此池作了故神　」

・「　　波多里長檜前主寸本為
　　癸応之　　□□□遅卿二柱可為今」

長さ二二六ミリ×幅四一ミリ×厚さ九ミリ　〇一一型式

木簡の内容は、少し難しいですが、まず表面から裏面の途中までを読んでみましょう。

「田領卿の前に拝み申し上げる。この池を作り終わりました。するとそこに神が現れ、これに応えました」

最初に書かれている「田領《でんりょう》」とは、郡司のもとで農業経営を担当する地方豪族のことを指します。

裏面下半部は二行で書かれており、正確な意味をとるのは難しいですが、「波多里長《はたのさとおさ》である檜前《ひのくまの》主寸《すぐり》が、池の築造をもともと行ったが、今は□□□遅卿の二人が行う」と解釈することができます。

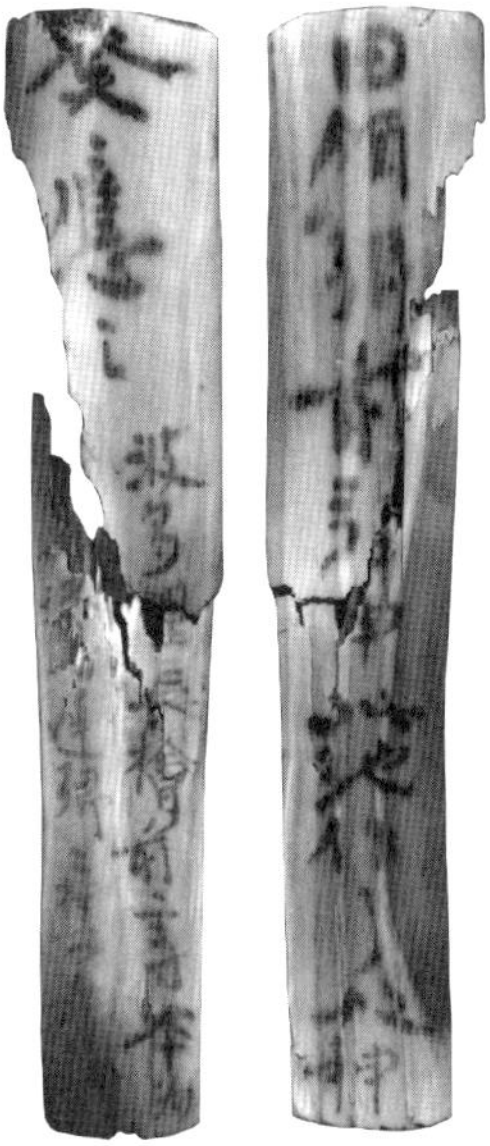

図1　奈良県高市町薩摩遺跡出土木簡（奈良県立橿原考古学研究所所蔵）

「檜前主寸」は「檜前村主」とも書き、朝鮮半島からの渡来系氏族の名前でしょう。

全体の内容をまとめてみると、この池はもともと、奈良時代に「波多里長」である「檜前村主」という渡来系氏族によって築造され、のちに改修工事を受けた、ということが書かれており、この内容は、発掘調査により池が何度も改修工事をしている事実とも一致しています。しかも、池の築造には、渡来系氏族や、郡司の下で農業経営を行う「田領」などがかかわっていたことを具体的に知ることができ、とても興味深いものです。

さらに、池の築造にあたっては、土地の神の合意が必要であったことも、この木簡は示しており、先に紹介した『常陸国風土記』の箭括麻多智伝承を彷彿とさせます。

池の築造は、灌漑用水の確保など人間の生活にとって不可欠な装置であり、自然を改変しなければなしえません。だからその土地の支配者たちは、多数の労働力を動員し、土地を改変して、池を作ることに専心しました。しかしそこには、自然の神との一定の合意が必要であるという意識がやはり存在したのではないでしょうか。それがときに、人間による一方的な開発にあるていどの歯止めをかける役割を果たしたのかも知れません。

なぜため池の造営と改修は記録されるのか

実はもう一つ見逃してはならないことがあります。それは、池の造営の記録とともに、改修についての記録が書かれているということです。いや、改修の際に造営のときのことが意識された、というべきかもしれません。薩摩遺跡出土木簡についてはいま見たとおりですが、『常陸国風土記』の箭括麻多智伝承も、谷の開発や池の造営が箭括麻多智であり、のちに壬生麻呂が池の堤を造ることまで記録にとどめられています。読み方によっては、壬生の麻呂の池の改修伝承の前段として、箭括麻多智の開発伝承が語られているとみることもできます。

考えてみればあたりまえのことですが、池は造ってしまえばあとは何もしなくてよいのではなく、継続的なメンテナンスが必要です。そのモチベーションとなるのは、もちろん灌漑施設の維持という現実的な目的もありますが、その池の由来がどのようなものであったのかをくり返し思い出すことも大きな要素だったのではないでしょうか。

古代韓国における堤の造営と修理

韓国・慶尚北道永川市道南洞で見つかった「永川菁堤碑」は、丙辰年（五三六）二月八日に、ある谷に「大塢」を作った際の石碑です。塢とは堤防のことで、石碑の発見場所のすぐ近くには菁池という貯水池があります。この石碑によると、工事には「作人七千人」が動員されたと刻まれています。

この石碑の裏面には、貞元十四年（七九八）に堤防を修理した際の記録が追刻されています。堤防が傷ついているために使者を派遣して視察させ、その規模に応じて、二月十二日から四月十三日までの六十一日間にわたり、延べ一万四千人あまりが動員されたと記録されています。あえて丙辰年（五三六）銘の石碑の裏面を使って貞元十四年の修理の記録を追刻したのは、最初の堤防の造営を意識していることにほかなりません。

ここまでみてくると、本章の最初に述べた、『日本書紀』にはなぜ池の造営の記録が数多く残されているのか、という疑問について、仮説を導き出すことができます。それは、くり返し改修する必要

図2　永川菷堤碑　貞元14年（798）修理時の銘文

のあるため池には、その由来となる造営伝承が必要なのです。そのために、それぞれの池がいつの天皇の時に、どのように造られたのか、ということを、記録にとどめておかなければならなかったのではないでしょうか。

このことを、もう少し他の事例で確かめることにしましょう。

3　大規模な池の造営と改修の記録①　讃岐国・満濃池

満濃池と空海

香川県仲多度《なかたど》郡まんのう町にある満濃池《まんのういけ》は、日本最大の灌漑用のため池と言われています。このため池に関しては、有名な弘法大師空海が造ったと読みとれる史料がいくつか見られます。その一つが、『日本紀略』の弘仁十二年（八二一）の記事です。

【史料8】『日本紀略』弘仁十二年（八二一）五月二十七日条

讃岐国司が言うには、「去年より始めて、萬農池に隄（堤）を造りました。大規模な工事にもかかわらず、それを造る民衆が少なく、なかなか完成しません。ところで僧侶の空海は、この国の出身です。いまは故郷を離れ、京都に住んでいるが、地元の民衆は空海を親のように慕っています。もし「空海が来た」ということを聞けば、必ずや歓迎し、それにより工事が進むでしょう。伏してお願いしたいのは、空海を満濃池に隄（堤）を造る「別当」（責任者）として、この事業を達成したいと思います」と。政府はこれを了承した。

これによると、「萬農池」の大規模な堤防工事を行う際に、讃岐国出身で、その後京都で活躍する弘法大師空海のカリスマ性が大きな役割を果たしたことがわかります。実際、平安時代の説話集である『今昔物語集』をみると、満濃池があたかも空海によって造営されたと読みとれる説話があります。

【史料9】『今昔物語集』巻第三十一「讃岐国満農池頽国司語第二十二」

今は昔、讃岐国□□〔那珂カ〕の郡に、満農の池という大きな池があった。高野の大師（弘法大師）がこの国の人のためを思って、大勢人を集めて築きなさった池である。池のまわりは延々と遠く連なり、堤も高いので、とても池とは思われず、海などのように見えた。対岸ははるかかなたかすかに見えるほどだから、その広さが思いやられよう。この池の堤は築造してのち、長い間くずれることもなかったので、その国の者が田を作るにあたって、旱魃の時でも多くの田がこの池のおかげで助かり、国の者は皆、心から喜び合っていた。池には上のほうから多くの川がそそぎ込んでいるので、いつも水が満々とたたえられていて絶えることがなかった。

【史料10】『今昔物語集』巻第二十「竜王為天狗被取語第十一」

今は昔、讃岐国□□郡に万能の池という非常に大きな池があった。その池は、弘法大師がこの国の民衆を哀れんで築かれた池である。池の周囲ははるかに広々としており、堤を高く築き巡らしてある。とても池には見えず、海のように見えた。池は底知れぬほど深いので、大小の魚は数知れず、また竜の住み処となっていた。

この二つの説話は、いずれも満濃池を造ったのは弘法大師空海であるという由来を説明した上で、この池にまつわる不思議な話を展開しています。『今昔物語集』では弘法大師空海が満濃池を造った人物として強調されています。しかしながら、実際に満濃池が造られたのは、空海より以前のようです。

満濃池の築造時期

寛仁四年（一〇二〇）の年紀をもつ『讃岐国萬農池後碑文』（『続群書類従』第三十三上、『香川叢書』第二）によると、

池はもともと大宝年間（七〇一―七〇四）に国守道守朝臣が築造し、弘仁九年（八一八）に「流破」

したので官吏を派遣して三年間かけて「築成」した。しかし、仁寿元年（八五一）に堤の上を越えるほどの大水が出て、国中の池が大小悉《ことごと》く破損した。さらにその翌年の仁寿二年春には旱魃におそわれ、八月に讃岐国の権守である弘宗王《ひろむねおう》が朝廷からの指令を受けて、諸郡を巡り、損害状況を確認し、あわせて被害に苦しむ百姓たちを慰撫した。同年閏八月には二千人、翌仁寿三年に六千余人の役夫によって堤を築き直した。さらにその翌年には二千人を動員して堤防を一丈五尺（約四メートル五〇センチ）かさ上げし、以前のように八丈（二四メートル）にした。

といった内容のことが書かれています。満濃池の築造は、八世紀初頭までさかのぼり、池の造営を進めたのは讃岐の国司の長官だった道守朝臣だというのです。ただ、この碑文の内容がどれだけ史実にもとづいているかは検討の余地があります。いわゆる国司制度が、大宝元年（七〇一）に大宝律令が制定されてすぐに確立していたかどうかが不明だからです。しかしながら、満濃池の築造が八世紀にまでさかのぼるということは、歴史的事実とみてよいでしょう。

この碑文には弘法大師空海の名は登場しませんが、先に紹介した『日本紀略』の記事や『弘法大師行化記《ぎょうけき》』によると、讃岐の国司・清原夏野《きよはらのなつの》が朝廷に満濃池の復旧を願い、許されて築池使の路真人浜継《みちのまひとはまつぐ》が派遣され、弘仁十一年（八二〇）から大規模な築池工事を始めたものの、労働力不足で工事が進まなかったため、弘仁十二年、国司と郡司たちは空海の宗教的、技術的な力を借りて労働力を確保し池の修築を成し遂げようと計画し、朝廷に空海の「里帰り」を申請したのでした。この方針は功を奏したものとみられます。

さらに、仁寿元年（八五一）からの大工事には讃岐国の権守《ごんのかみ》（正式な国守が在京のままで任地に不在の場合などに、それに代わって任務をとるために臨時に任ぜられた国守）の弘宗王が活躍しています。九世紀は、各国の国司が「良吏」として政治を行った時代という認識がありました。国司の功績が強調されているのは、そうした時代認識によるものかもしれません。

4　大規模な池の造営と改修の記録②　河内国・狭山池

大阪府南部の大阪狭山市の中央部に位置する狭山池は、飛鳥時代に築造されたと考えられる灌漑用のため池です。丘陵の間の谷を堰き止めて築造された、ダムのようなものといってよいでしょう。八世紀の奈良時代になると、僧・行基によって狭山池は改修工事が行われます。行基は、国家の負担に苦しむ民衆の力を結集して、橋や道路を各地に作るなどの土木工事を通じて、人びとの支持を得ながら、仏教の布教につとめます。『行基年譜』という史料には、行基が狭山池を改修したことと、天平三年（七三一）に狭山池院と尼院を建てたことが記されていて、農業用の池を整備することを通じて人びとの支持を得て、仏教の布教につとめた様子がうかがえます。しかしながら行基のこうした活動は、仏教を統制しようと考えている国家にとっては不都合な存在であり、当初は行基を弾圧しました。ところが一方で行基による民衆の動員力は魅力的でもあり、その動員力は大仏造営の際にも発揮され、最終的には「大僧正」の地位にのぼりつめます。

図３　重源狭山池改修碑（大阪府立狭山池博物館所蔵）

一九九三年、狭山池から「重源狭山池改修碑」が出土しました。鎌倉時代の僧・重源による狭山池改修時に作成した記念碑で、建仁二年（一二〇二）の年紀があります。重源は、東大寺の再建に尽力した僧侶として有名ですが、狭山池の改修工事にもかかわっていたのです。「改修碑」の冒頭には、「むかし行基菩薩が八十四歳のとき、天平三年（七三一）に初めて堤を築き、樋を伏せたが、年月を経てそれらが毀損してしまった」といった内容が書かれています。行基が狭山池の堤を築いた正確な年は『行基年譜』には見えませんが、同年に狭山池院と尼院を建てたことが記されており、おそらくこの伝承を意識したものなのでしょう。重源は、自身が行った改修工事が、奈良時代の僧・行基による築堤に連なる行為であるという意識を持っていたのです。

満濃池の空海、狭山池の行基と重源、といった事例からもわかるように、歴史に名を残した人物たちによる池の造営や改修の由来を語ることは、後代においても、多くの人びとをため池の改修に駆り立てるための原動力になったのではないでしょうか。

参考文献

大阪狭山市教育委員会『狭山池シンポジウム二〇一〇　狭山池の誕生をさぐる』二〇一一年
大阪狭山市教育委員会『狭山池シンポジウム二〇一二記録集　ため池築造と偉人』二〇一四年
信定芳紀「満濃池」『月刊文化財』六七二、二〇一九年九月
まんのう町教育委員会社会教育課中寺廃寺発掘調査室『まんのう町内遺跡発掘調査報告書5：満濃池総合調査報告書』まんのう町教育委員会、二〇〇八年
森浩一編『日本古代文化の探求　池』社会思想社、一九七八年
『大阪府立狭山池博物館　常設展示案内』大阪府立狭山池歴史博物館、二〇〇一年
『行基の構築と救済』大阪府立狭山池歴史博物館、二〇〇三年
『重源とその時代の開発』大阪府立狭山池博物館、二〇〇二年
『満濃池史　満濃池土地改良区五十周年記念誌』満濃池土地改良区、二〇〇一年

コラム〈2〉 岡山城下町と後楽園
――水がつくる近世都市とその景観――

万城あき

岡山城築城と旭川

岡山後楽園は、約三百年前に時の藩主池田綱政《つなまさ》が政務の合間を過ごす場所としてつくった庭園です。当時、国元には藩主が気軽に訪れる下屋敷や庭園などはなく、その後の藩主たちにとってもやすらぎの場となりました。

今では国の内外から大勢の方が訪れる庭園はどのようにつくられたのでしょうか。

後楽園築庭から約百年前の戦国時代末期、宇喜多家が岡山を本拠と定め秀家が城を築く時、城地付近を流れていた幾筋かの流れを整備し、現在のような旭川《あさひがわ》に仕上げました（図1）。その水は城下に引かれて堀となり、川筋は城の北から東を守る自然の堀として利用されました。ただ、旭川が城や城下町にほぼ直角に当たるため、城下や城の周辺部は洪水被害に遭いやすいという弱点がありました。

寛永九年（一六三二）に池田光政《みつまさ》が入封したのち、旭川の洪水対策は岡山藩の大きな課題とな

図１　岡山城（右側）と後楽園（左側の森）の間を流れる旭川

りました。あわせて新田開発も進めており、光政の子綱政の時代には旭川の治水と河口部に広がる遠浅の海の大規模な干拓計画を可能にする旭川の放水路百間川《ひやっけんがわ》の大規模な再整備が進みます。

百間川の再整備は、旭川からの放流部に越流《えつりゅう》堤、流路の主に左岸に低い土手、河口部には潮留《しおどめ》堤防とその一部に樋《ひ》門《もん》を設けるという計画でした。干拓のための潮留堤防に設けた樋門は、干潮時に排水し、満潮時には潮留をするというしくみです。この工事は貞享二年（一六八五）から三年にかけて、まずは放水路部分の工事が本格化します。

しかし、綱政は一連の工事を一時停止し、貞享四年、百間川や干拓工事に携わっていた者たちに後楽園の築庭を命じます。その真意は明らかではありませんが、放水路ができて城下とともに城背後の河原も洪水被害が軽減し、比較的安定して使える土地になったこと、大規模な干拓工事の様子見の時間をおく、なども築庭を志すきっかけの一つだと考えられています。

その後、新田開発は後楽園の庭園域（現在の有料区域）が一応整ったのち、元禄五年（一六九二）

に再開され、沖新田《おきしんでん》約一九〇〇ヘクタールが完成しました。後楽園は治水と新田開発に伴って誕生したのです。

後楽園の築庭と池田綱政の思い

築庭最初期の後楽園は、藩主池田綱政が滞在する簡素な建物とその南に小山、東には建物前のみが芝生で、残りの平地の大半は田畑という単純な景色でした。元禄二年（一六八九）、帰城した綱政はすぐさま庭を訪れ、「手をかけた景色ではないので、ただそのままの景色を眺めることができる、この庭に来ると世の憂きことも忘れられる」などと日々の感懐を和歌とともに記した『竊吟集《せつぎんしゅう》』（林原美術館所蔵）に残しています。明るく広々とした庭が好みに合ったようです。

翌年、綱政は江戸に出立する時に土地の拡大と建物の増築を命じ、拡大された土地には弓場や馬場、綱政が篤く信仰していた如意《にょい》輪《りん》観音を祀った慈眼堂《じげんどう》が次々とできていきました。建物では、藩主の居間がある延養亭《えんようてい》の西に続けて、現在の栄唱《えいしょう》の間の原形となる建物「翠庭《すいしい》」が増築されます。元禄四年に帰城した綱政は、そのできばえに満足し、夏には家臣を招いて宴を開きました。

その後、元禄年間に現在の東外園を中心に土地の拡大が続き、元禄十三年（一七〇〇）に北の一部に土地が拡大されたことで後楽園の外形が一応整いました。現在、元禄十三年を「一応の完成」としていますが、これはこの年に庭が完成したのではなく、外形が整ったという意味です。

築庭当時の絵図をみると、改修した部分に貼紙で修正した跡があり、綱政が好みで次々と手を

図2　唯心山からは，ふもとを流れる水路や沢の池が一望できる．

入れていった様子がうかがえます。つまり、一つの完成図に基づいて庭ができたのではなく、好みで造作が変わっているのです。

綱政以後の藩主たちも、それぞれの好みで手を加えます。綱政の子継政《つぐまさ》は、中央に約六メートルの築山唯心山《ゆいしんざん》を築き、ひょうたん池を掘り水の流れを整えました（図2）。ひ孫の治政《はるまさ》は、倹約のため農耕や掃除にあたる人員を減らしたため田畑をやめて芝生にした時期もあります。

近代の後楽園と旭川

江戸時代は城の背後にあることから「御後園《ごこうえん》」と呼ばれていましたが、明治四年（一八七一）に「後楽園」と改称され、明治十七年に「名園保存」を名目に岡山県に譲渡されました。一般公開の当初は公園ではなく、日没閉門など決まりを設けて管理されました。大正時代に入ると、いつでも開いている公園を望む声も高くなりますが、庭園は保全し、周囲を外園として整備し、旭川沿いに散歩道をつけて外周を公園化します。

昭和九年（一九三四）の室戸《むろと》台風、同二十年の岡山空襲では後楽園も大きな被害を受けました。室戸台風の被害は市街地にも及んだことから、百間川だけではなく、旭川を後楽園の北で分岐し市街地付近の水量を抑えることになります。昭和十四年から翌年にかけて東派川《ひがしはせん》が掘削され、後

図３　復元された延養亭．建物前を流れる水路の幅を広げて池のようにみせている．

楽園は中州となったのです。

戦災では延養亭を含む主要な建物群や茂松庵《もしょうあん》などが焼失。戦後、昭和二十四年から同四十二年にかけて建物の移築、復元がはかられました（図３）。

また、後楽園に水を供給していた後楽園用水の汚濁がひどくなり、昭和三十九年に旭川の伏流水をポンプアップすることになりました。築庭以来の導水法が変わっても、取水口から流店《りゅうてん》を過ぎる辺りまでは約六〇センチの落差で流れ、藤棚から花交《かこう》の滝までに傾斜が急になって滝の上までで約一メートルの落差となる流れ方に変わりはありません。園内の水がゆったりと流れているのは、わずかな傾斜で稲田に水を引く農業の技術が活かされているためともいわれています。

後楽園の水景

水は後楽園の景色に動きと広がりを与えています。次に水がつくる景色を紹介します。

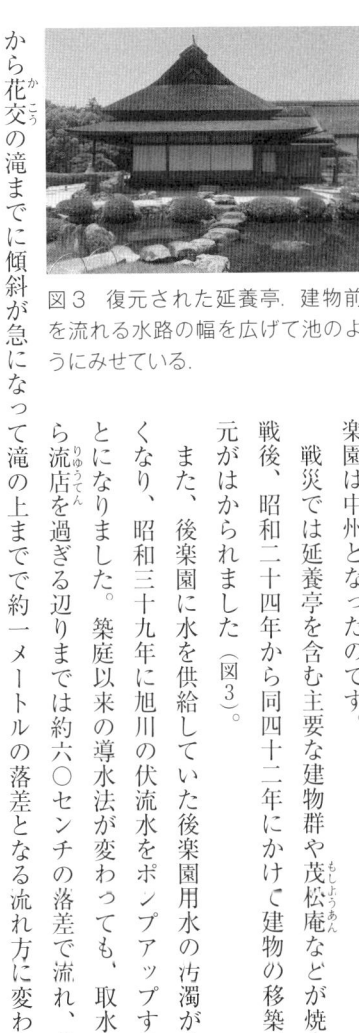

1　延養亭から東の眺望

延養亭前の小庭から芝生、大きな池、園外の山々へと続く眺望の中にも水が広がりを与えています。歴代藩主が過ごした建物の大半は破損のたびに復旧してきたので、その視点は保たれてお

1　延養亭から東の眺望

2　栄唱の間から南を眺める

3　廉池軒から北を眺める

4-1　流店

4-2　八橋

5　花交の滝

6　芝生と水路

7　沢の池越しに岡山城を眺める

図4　後楽園の水景

り、藩主が眺めた景色を追体験できるのも後楽園の魅力一つです。また、岡山県では借景《しゃっけい》の保存のため昭和十五年（一九四〇）から条例を設けて、築庭以来、あまり変わらない景観を伝える努力を続けています。

2　栄唱の間から南を眺める

栄唱の間は能の観覧席ですが、南にひろがる花葉《かよう》の池や二色《にしき》が岡を眺めることもできます。二色が岡は、かつては春は花、秋は紅葉の彩りを楽しんだ林で、手前に池があることで正面の林がより広く、また奥行きが感じられます。

二色が岡にある茂松庵はかつては「花葉軒《かようけん》」という名で、池の名は「花葉軒の前の池」という意味合いです。現在進められている二色が岡再生事業では池への通景も見どころとなることから木々を整理し、その合間から池や滝が見えることで開放感が生まれつつあります。

3　廉池軒《れんちけん》から北を眺める

築庭からしばらくは、建物前の池の先には田畑がひろがっていました。まるで郊外に出かけたような効果があったものと思われます。今は、継政の改修によってできたひょうたん池と唯心山のふもとを流れる水路の水面の段差が見どころとなっています。

4　流店と八橋

建物の中央に水路が流れ、建物の外をめぐる水路の先には八橋と杜若《かきつばた》があります。水の流れを活かした景色で、築庭以来の意匠が伝わっている場所の一つです。

築庭当時と異なるのは建物内の水路に置かれた石の配置で、築庭当時の絵図には中央にまとめて置かれていましたが、幕末の絵図では直列になっています。水が石に当たってせせらぎをつくって流れるか、まっすぐ流れ去るかでは趣がかなり異なります。

こういう構造の建物は珍しく、大正時代に「流店で曲水の宴をした」という俗説が出ます。水がまっすぐ流れているため風流な遊びをしたように考えられたのでしょう。しかし、曲水の宴が開かれた記録はありません。

5　花交の滝

花交の滝は築庭以来の滝石組みで、大きな音を立てて落ちる水音が見どころです。

築庭当時の絵図をみると、池の周囲には山桜やつつじ、さつきなどの花木、池の斜面には柳が植えられ、池の南東岸にあった「花交」という名の建物から風雅な景色を眺めていたようです。建物は十八世紀半ばに取り壊されましたが、「花交」という美しい名前は池と滝に残されています。

6　芝生と水路

水路にはもともとは田畑を養う灌漑用水の役目がありました。明和八年（一七七一）に延養亭から廉池軒までにあった稲田が廃止され芝生になると、灌漑用水の役目を終えた水路は「曲水」に変化しました。現在に伝わる、芝生をゆったりと割って流れる景観が出現したのです。

7　沢の池越しに岡山城を眺める

岡山県が後楽園を管理するようになると、庭園は主に歩いて楽しむようになり、座敷から眺めるというかつての藩主の楽しみ方は忘れ去られました。景色の眺め方の変化から、沢の池を通して城を眺める構図が後楽園を象徴する景色となりました。

後楽園の明るく広々とした景色に欠かせない水は旭川から引かれ、清流はやすらぎをもたらしています。岡山城築城にあたって整備された旭川。その洪水対策から始まった岡山藩の百間川の整備は広大な新田開発を可能にし、今もその役割を果たして人の暮らしを守り、また、やすらぎの空間となった岡山後楽園を残したのです。

参考文献
小野芳朗・本康宏史・中嶋節子・三宅拓也編著『図説　大名庭園の近代』思文閣出版、二〇二一年
後楽園史編纂委員会編『岡山後楽園史』岡山県・岡山県郷土文化財団、二〇〇一年
『百間川小史』国土交通省中国地方整備局岡山河川事務所、二〇一九年

第5章　琉球諸島における水・農耕・王権
――南城市玉城字仲村渠の事例を中心に――

神谷智昭

はじめに

沖縄そば、ゴーヤーチャンプルー、豚のチラガー（顔の皮）の和え物……。沖縄には日本本土と比べると一風変わった食文化が存在します。そのためか時々「沖縄の人はいつからお米を食べるようになったんですか？　それ以前の主食は何だったのですか？」と質問されることがあります。

実は沖縄においても、琉球王国時代にはすでに稲作を行っていました。琉球王府は毎年、各地域に配置されたノロ（神女）を介してシマ（村落）ごとに稲と麦の初穂祭・収穫祭を行わせました。祭の挙行日も王府によって決められていました。このことから王府がいかに稲・麦という穀物を重視していたかがわかると思います。稲と麦が重視された理由は、それが人びとの腹を満たし、社会を安定的に維持し、王国の発展を下支えするために必要だったからです（とはいえ、実際に米を口にできたのは士族以上の身分の高い人びとであり、平民の日常食は雑穀や芋類でしたが）。琉球王国はまさに「農業国家」だったのです（武井 二〇一八：一七七）。

農耕を行うには、充分な水が必要となります。それだけでなく、人間が生きていくために水は不可欠です。しかし後述するように、沖縄の人びとは昔から水の確保に苦労してきました。沖縄の人びとはどのようにして水を手に入れていたのでしょうか。そして水が手に入らないという災難を回避するため、どのような祈りを捧げていたのでしょうか。本章では、沖縄本島南部に伝わる伝承と年中行事を手がかりに、沖縄の人びとの水に対する観念をみていきます。

1　沖縄本島の水環境

「水」の少ない琉球諸島？

「郊外に出てみると庭の木に斜めに縄を張つて、壺に僅かの雨の雫を集めようとした家もある。瓦葺きの多く無かつた時代には、是が最も普通の方法であつたらしい。八重山《やえやま》の石垣島などでも私の見たのは、福木の幹に一枚の棕櫚《しゅろ》の葉を結びつけ、一尺ほど切残した葉柄の端から、樹下の小瓶へ雨水の滴るやうにしてあつた」（柳田 一九四〇：一五七）。

これは大正十年（一九二一）に琉球諸島を旅した民俗学者、柳田国男の記述です。降雨後の、樹木を伝って流れ落ちる僅かな雨水をも集めて利用しようとする沖縄の人びとの工夫と苦悩が描かれています。

沖縄は地理的には亜熱帯に位置し、近海を黒潮が流れる暖かい海に囲まれて、海洋の影響を強く受けるため、気候区分は亜熱帯海洋性気候と呼ばれます。夏は蒸し暑く冬は曇りや雨の日が比較的多い気候です。降水量は梅雨期の五月、六月と、台風期の七月から十月にかけて特に多くなりますが、年間を通して平均的に降ります（沖縄気象台　一九九六：九）。沖縄県の県庁所在地である沖縄本島那覇市の年間降水量は約二〇〇〇ミリに達し、これは他の都道府県と比べても多い部類に入ります（沖縄気象台ホームページ）。つまり沖縄の人びとが水の確保に苦労したのは、決して雨が少なかったからというわけではないのです。

沖縄本島の地形と地質の特徴

その原因は、琉球諸島特有の地形と地質にあります。本章の舞台となる沖縄本島を例に説明します。沖縄本島を地形の側面から見た場合、山がちな地勢の北部地域と、比較的平地の多い中南部地域とに大きく分けることができます。北部地域は山がちな地勢に加えて深い森に覆われていて、谷間に集まった水が大小の河川を形成しています。沖縄本島の河川の数をみると、北部地域には百二十一本の河川があるのに対し、中南部地域には三十本しかありません（沖縄総合事務局開発建設部建設行政課編　一九七三：一〇）。北部地域ではそうした河川沿いや河口近くに村落が形成されました。ただし、沖縄本島の面積は狭く、北部地域の河川は長さも短く急勾配であるため、水はすぐに海へと流れこみます。日本本土の河川のように常に水を湛え蕩々《とうとう》と流れる河川ではなく、晴天が少し続けば細くなり、一旦豪雨があればたちまち濁流となるような河川なのです。そのため安定的な水資源の供給源としては弱かったといえます。

沖縄本島中南部地域の水環境はさらに特徴的です。先に、中南部地域には河川が少ないといいました。それは中南部地域が全体的に平坦で森林も少ないことも関係していますが、中南部地域の地質が最も大きな理由です。沖縄本島中南部地域は、地表の大部分が堆積珊瑚《さんご》由来の琉球石灰岩によって覆われています。琉球石灰岩は水に溶けやすい性質をもっているため、雨が降ると雨水は容易にその中に浸透していきます。中南部地域においては、水は地下水として存在するのが常態なのです。さらに琉球石灰岩層の下には泥灰岩の島尻郡層があって不透水層を形成していて、地下水はそこから傾斜に沿って水平方向に流れていきます。そして丘陵地の斜面や崖下から湧き水として吹き出してきます。沖縄本島中南部地域の古い村落は、こうした湧水の出る場所を中心にして形成されました。しかしながら、湧水の出る場所は限られており、また水量や渇水の起こる頻度も場所によって大きく異なります。どれだけ良い湧水の出る場所を占有しているかということが、村落の盛衰とそこに住む人びとの生活――ひいては生存――を大きく左右したのです。

2　琉球王国と東四間切

東四間切について

本章で取り上げる伝承と儀礼の舞台となるのは、沖縄本島南東部に位置する南城《なんじょう》市です（図1）。南城市は、二〇〇六年に当時の大里村、玉城《たまぐすく》村、知念《ちねん》村、佐敷《さしき》町の四町村が合併して誕生しました。この四町村は、琉球王国時代には大里間切《まぎり》、玉城間切、知念間切、佐敷間切という行政区となっていて、王国の首都であった首里から見て東側に位置していたために、「東四間切」と呼ばれていました。

琉球開闢神話と穀物発祥伝承

琉球王国で最初に編まれた正史『中山世鑑《ちゅうざんせいかん》』（一六五〇年）には、琉球の開闢神話が記されています。それによると、琉球人の祖先神アマミキヨ（阿摩美久）は「先ヅ一番ニ、国頭ニ、辺土ノ安須森、次ニ今鬼神ノ、カナヒヤブ、次ニ知念森、斎場嶽《せーふあうたき》、藪薩《やぶさつ》ノ浦原、次ニ玉城アマツヅ、次ニ久高《くだか》コバウ森、次ニ首里森、真《ま》玉森《たまもり》、次ニ嶋々国々ノ、嶽々森々ヲバ作リテケリ」とされています（伊波他 一九六二：一三）。このうち、知念森、斎場嶽、藪薩ノ浦原、玉城アマツヅ、久高コバウ森があるのが東四間切です。ちなみに「嶽」「御嶽」は「森」と同義で、沖縄全域にみられる村落祭祀の中核となる聖域の総称であり、村落の守護神である祖先神が常在したり、来訪神が訪れたりする場所とされます（渡

ご氏名《ふりがな》		年齢　　歳　　男・女
〒 □□□-□□□□		電話
ご住所		
ご職業		所属学会等
ご購読新聞名		ご購読雑誌名

今後、吉川弘文館の「新刊案内」等をお送りいたします(年に数回を予定)。
ご承諾いただける方は右の□の中に✓をご記入ください。　□

注文書

月　　日

書　　名	定　価	部　数
	円	部
	円	部
	円	部
	円	部
	円	部

配本は、○印を付けた方法にして下さい。

イ. 下記書店へ配本して下さい。
(直接書店にお渡し下さい)

(書店・取次帖合印)

書店様へ＝書店帖合印を捺印下さい。

ロ. 直接送本して下さい。

代金(書籍代＋送料・代引手数料)は、お届けの際に現品と引換えにお支払下さい。送料・代引手数料は、1回のお届けごとに500円です(いずれも税込)。

＊お急ぎのご注文には電話、FAXをご利用ください。
電話 03−3813−9151(代)
FAX 03−3812−3544

郵便はがき

1 1 3-8 7 9 0

料金受取人払郵便

本郷局承認

6427

差出有効期間
2026年1月
31日まで

東京都文京区本郷7丁目2番8号

吉川弘文館 行

愛読者カード

本書をお買い上げいただきまして、まことにありがとうございました。このハガキを、小社へのご意見またはご注文にご利用下さい。

お買上 **書名**

＊本書に関するご感想、ご批判をお聞かせ下さい。

＊出版を希望するテーマ・執筆者名をお聞かせ下さい。

お買上
書店名　　区市町　　書店

◆新刊情報はホームページで https://www.yoshikawa-k.co.jp/

◆ご注文、ご意見については E-mail:sales@yoshikawa-k.co.jp

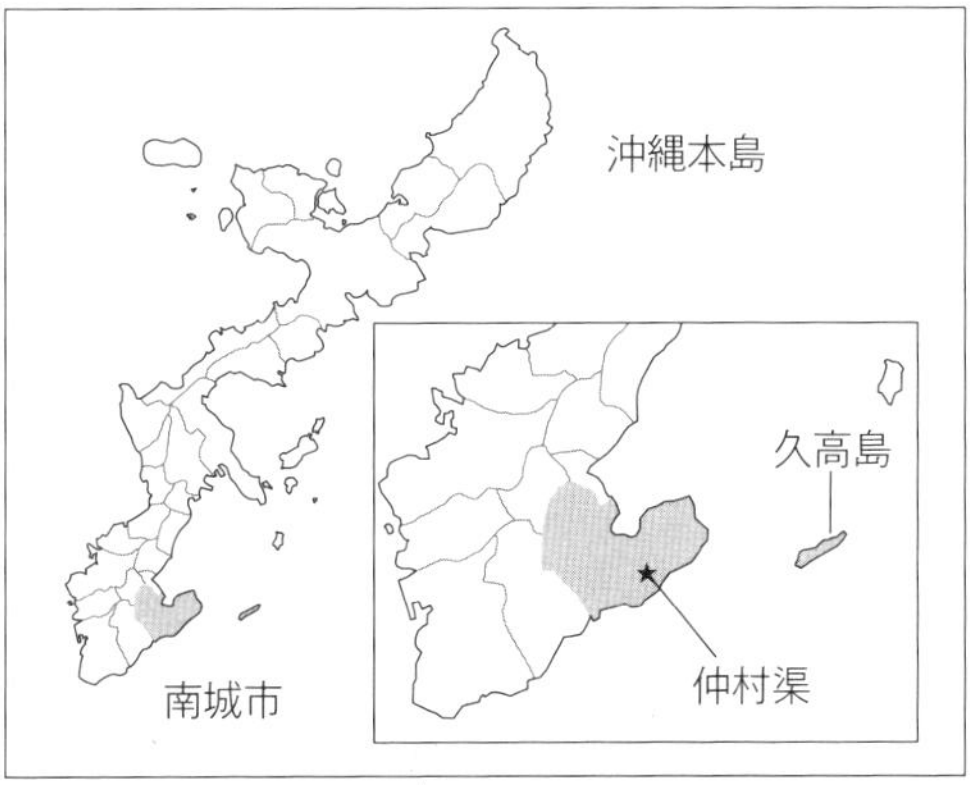

図1　南城市の位置

邊他編　二〇〇八：四九―五一）。また、琉球における穀物発祥の伝承が集中しているのもこの地域になります。先述の『中山世鑑』には「阿摩美久、天ヘノボリ、五穀ノ種子ヲ乞下リ、麦粟菽黍ノ、数種ヲバ、初テ久高嶋ニゾ蒔給。稲ヲバ、知念大川ノ後、又玉城ヲケミゾニゾ藝給」と記されていて（伊波他　一九六二：一五）、知念の大川と玉城のヲケミゾが稲の発祥地、久高島がそれ以外の穀物の発祥地であるとされています。このことから、琉球王国時代には、国王自ら、琉球の最高神女である聞得大君や家臣を伴って、隔年ごとに、旧暦二月の麦の初穂祭には久高島を、旧暦四月の稲の初穂祭には知念・玉城を訪れて聖地を巡拝しました（外間・波照間編　一九九七：二一九、三一〇―三一二）。この国王自身による聖地巡拝は十七世紀半ばまで続きました。以上のように東四間切は琉球王府の祭祀と深くかかわる地域であったため、他地域よりも早い時期から交通網が整備されていたと考えられています（南城市史編集委員会編　二〇一〇：一三六）。

3　南城市の水環境と人類の生活――考古学の視点から――

南城市の水環境

南城市の大部分が台地からなるため大きな河川はなく、水系は発達していません。代わりに市内には二百四ヵ所以上（知念地区六十一、玉城地区百三十一、大里地区七、佐敷地区五）の湧水があります。知念・玉城地区に湧水が多いのは、地形および地質とのかかわりにあります。この地域の台地には石灰岩層が広がっているため、先述したように、雨が降ると容易に地中に浸透します。また地質構造的には石灰岩台地の基盤は北から南～南西方向に緩やかに傾斜しているため、石灰岩台地の南側の崖に湧水が多くなるのです（南城市史編集委員会編 二〇一〇：一七―一八）。

南城市の遺跡分布

これまで南城市内では百十三ヵ所の遺跡が確認されています。時期的にみると、縄文時代前期から弥生～平安平行時代まで、つまり先史時代に属する遺跡が四十三ヵ所、グスク時代の遺跡が七十ヵ所となります（グスク時代およびグスクについては後述）。遺跡の分布状況から見ると、先史時代の遺跡は玉城や知念に偏在していて、大里にはわずかな分布を示し、佐敷では確認できません。一方、グスク時代に入ると分布状況が変わり、大里や佐敷の地域でグスク時代の遺跡が増え、玉城や知念よりも多くなります（南城市史編集委員会編 二〇一〇：三四―三五）。

沖縄県における先史時代の貝塚立地をみると、先史時代の遺跡のほとんどは海岸に近い石灰岩丘陵上か、その周辺縁辺部の崖下および海岸砂丘に形成されるという特徴があります。先史時代の遺跡がこうした場所に立地するのは、前面に珊瑚礁の広がる海があることと、近くに湧水があることが関係していますす（南城市史編集委員会編 二〇一〇：三五）。今から約七〇〇〇年前〜八・九〇〇〇年前に沖縄に住んだ人びとの多くは、海岸に面した砂丘で生活し、時代によっては山間部を一部切り拓き、ドングリを拾い集め、イノシシを狩猟すると同時に、豊かな珊瑚礁資源に依存する社会を営んでいました（沖縄考古学会編 二〇一八：七三）。珊瑚礁の海をひかえた石灰岩台地が卓越する玉城・知念の地域に貝塚文化が密なのはこうした理由からでした。

一方、大里・佐敷は非石灰岩からなる丘陵地帯や海岸低地が広がっていました。この地域は与那原《よなばる》粘土層と呼ばれるシルト質粘土によって覆われていて、水はけが悪く、水を含むと非常に粘性が強くなる性質を帯びるため湧水や沢の発達も乏しかったのです。したがって大里・佐敷地域を生業の場や居住の地に変えていくためには、農具の発達と農業の発達を待たなければなりませんでした（南城市史編集委員会編 二〇一二：三五）。

グスク時代と農耕

それが実現されたのが、グスク時代です。これまでの考古学の研究によって沖縄諸島における最古の農耕を示す遺跡の年代が十～十二世紀ということが判明しています（沖縄考古学会編 二〇一八：一三八）。日本本土から遅れること千年近く、ついに沖縄諸島でも農耕という生業が行われるようになったのです。その後、農耕文化が発達し按司《あじ》と呼ばれる地域の豪族層が発生・発達していく時代がグスク時代です。

ちなみに「グスク時代」という時代区分の指標となっている「グスク」とは、この時代を顕著に表している遺跡の名称です。グスクは規模や形態において多様ですが、その大きな特徴は、外からの侵入を防ぐための防御的工夫が随所にみられることです。先述したように、この時代の沖縄では各地に按司と呼ばれる豪族が群雄割拠し、支配領域の拡大をめぐって争っていた時期でした。こうした緊張した社会を背景にして築かれた軍事的な施設がグスクであると考古学界では理解されています（沖縄考古学会編 二〇一八：一二九）。

グスク時代のはじまりを示す画期的な出来事として、食料生産、窯業生産、鉄器生産に代表される生産経済の本格化と、食器など日用品の広域的な流通を挙げることができます（沖縄考古学会編 二〇一八：一三六）。さらにグスク時代の遺跡からは多量のウシ・ウマの骨が出土していて、これは家畜を使用して穀物生産が行われていたことを証していると考えられています。牛馬の使用は、鉄製農具の普及と相まって、耐水性の強い土壌の広がる沖積平野の開発を急速に進展させたと考えられます。とくに沖縄島中・南部で沖積平野を取り巻く微高地の先端部を中心にしてグスク時代の遺跡が集中的に増えることはそうした生業形態の変化をあらわしているとみられます。農耕地として広い面積が確保できる地域から有力な按司が出現していくこともこうした農耕社会の発展の結果でしょう（沖縄考古学会編 二〇一八：一三二）。

4　水と穀物にかかわる年中行事——仲村渠集落の事例——

仲村渠集落と周辺の聖地

仲村渠《なかんだかり》集落（南城市玉城字仲村渠）は、二〇二三年四月末現在の総世帯数は百五世帯、人口は二百二十一人となっていて、南城市内で最も小さな集落の一つです（南城市ホームページ）。仲村渠集落は昔から水が豊富であることで有名で、旧玉城村内の各集落の特徴を歌った「玉城口説」の中でも「みじぬちららん仲村渠（水が途切れない仲村渠）」と評されています。その豊富な水資源を利用して一九六〇年代頃までは稲作が盛んで、現在とは異なる田園風景の広がる当時の村の様子や、学校へ通う合間に農作業に駆り出されて苦労した経験を話してくれる村人が多くいます。

仲村渠集落の位置する地域は、先述した琉球開闢《かいびゃく》伝承や穀物発祥伝承とも深く関係しています。地元に伝わる伝承では、琉球人の祖先神アマミキヨは、まず仲村渠集落の南西側にある百名海岸の「ヤハラヅカサ」という場所に降り立ち、その後しばらくその近くにある浜川御嶽の場所で暮らし、それから台地上に上がって、仲村渠の「ミントングスク」に居住したと語られています。このヤハラヅカサからミントングスクまでの奥行一キロ、幅四〇〇メートルにおよぶ地域は「藪薩の浦原」と呼

図２　受水走水での拝み

ばれていて、この地域の中に、浜川御嶽、受水《うきんじゅ》走水《はいんじゅ》、エーバンタ嶽、藪薩御嶽の嶽々が存在する、一大聖地集中地となっています（湧上　一九七七：三七—三八）。

藪薩の浦原一帯を地形・地質的に見ると、先述した南城市南部の琉球石灰岩台地の縁および台地上に位置していて、玉城区の中でも水量の豊富な湧水場所が多数存在していることで有名です。全国の名水百選に選ばれている垣花《かきのはな》樋川《ひーじゃー》もこの地域の近くにあります。そしてこの地域に、琉球の稲作発祥伝承にまつわる聖地が存在しています。受水走水と呼ばれる聖地がそれです（『中山世鑑』中のヲケミゾ）。受水走水は百名海岸近くの崖下に湧き出ている湧水です。二ヵ所から湧き出ていて、西側を受水、東側を走水と呼びます。

親田御願

仲村渠集落では、旧正月後最初の午の日に、受水走水のある場所で「親田御《うぇーだう》願《がん》」という村落祭祀を行っています。祭祀当日、区長を中心とした有志の人びとが最初に受水走水を拝みます（図２）。そして区長が青年たちの頭頂に粢を載せる儀礼を行った後、走水の下流にある「親田」と呼ばれる田において、青年たちが田植えを行います（図3）。その後、受水走水から五〇〇メートルほど南側にある「親田祝毛」と呼ばれる場所で、「四方拝み」という東西南北を拝む儀礼を行った上で、「天親田のクェーナ」を全員で謳います。天親田のクェーナの内容は、稲作が始まった藪薩の浦原において、田作りから田植えの後、天候に恵まれて稲がすくすく生長し、倉に入りきれないほどの収穫が得られるまでの過程を順を追って表現したものとなっていて、一種の予祝歌とみることができます。それから一行は屋号「クラモト」の家の庭でも豊年を祈る歌を謳った後、ミントンの神屋を拝んで祭祀は終了します（ミントンの神屋については後述）。この祭祀は四百年の歴史があると伝えられていて、戦前までは仲村渠集落の村人が総出で参加する大きな行事だったそうです。またその頃までは、親田御願を終えて初めて村人が自家の田植えを行うことが許されたそうです（神谷 二〇一八：一七六―一七九）。

図3　親田へ稲を植える青年

アミシ御願

仲村渠集落では親田御願の他にも、「アミシ御願」という、稲作と特に水に関係する年中行事が行われます。アミシ御願は、稲の収穫後に豊年を祈願する年中行事で、旧暦六月二十五日に行わ

図４　仲村渠樋川（向かって左側に拝所が見える）

れます。沖縄本島に広く分布し、とくに南部に多くみられます。この日、ノロは斎戒沐浴して、他の神役たちと拝所を巡り、雨乞いの祈願をします。「年浴」とも称されますが、これは万物が若水を浴び、生まれ変わるからといわれています。二十四日から二十五日にかけては多くの集落で綱引きが行われます。（桃原　一九八三a：一〇六）。

仲村渠集落のアミシ御願は、仲村渠樋川の拝所から始まります。仲村渠樋川は仲村渠集落の共同用水施設で、国指定重要文化財となっています。昭和三十年代に簡易水道が敷設されるまで、飲用、洗濯、野菜洗い、水浴びなどの生活用水として利用されました。その左側上部に拝所が設置されています（図４）。拝所の前に、区長以下村の役員や青年たちが集まります。筆者の聞き取り調査によると、仲村渠集落では終戦直後の時期ですでに神役の女性は不在だったそうで、現在の御願儀礼は区長と有志を中心に行われています。区長が線香と酒を拝所に供えて、全員で手を合わせて拝みます。特別な祝詞の詠唱などは行われません（後述する拝所での儀礼の手順も基本的に同じです）。

仲村渠集落のアミシ御願は拝むべき拝所が多いため、仲村渠樋川の拝所での儀礼後は、区長を含む壮年の人びとのグループと、青年のグループの二手に分かれて巡拝が行われます。

壮年のグループは次にヒラバルグヮーのクダカガー（久高井）に移動して拝みます。ここは集落の東側の外れに位置する井泉で、すぐ近くには眼下の海岸まで続く急坂の旧道があります。『遺老説伝』（一八世紀頃）によると、久高島の対岸玉城間切百名村の白樽という若者が、玉城按司の長男免武澄能按司の娘を娶り、久高島に渡り、のちに伊敷浜で麦、粟、豆の種の入った壺を拾い、それから五穀豊穣子孫繁栄したと伝えられています（島袋 一九三五：五二一―五七）。そのため仲村渠のミントンと久高島との間では、「クダカーウガン」という儀礼が行われていました（図５）。毎年正月、三月、六月に、久高島から神役ら一行が舟に乗って仲村渠海岸のミジキンという場所にやって来ると、ミントン側がそれを出迎えます。久高側からは、正月は生魚、三月は麦の握り飯と塩漬けの魚、六月には生魚が贈られたと言います。それに対してミントン側は、正月には田芋と米飯、三月には米・米飯・豆腐、六月には米二升・米飯・豆腐を答礼として贈ったと言います。その後、久高の一行は白樽夫婦の祖先の墓所やその他の拝所を巡拝します。久高の一行が帰路に就く際も、ミントン側はミジキンの浜まで送り、そこで別れの盃を取り交わしました。一方、ミントン側からも一年おきに四名の代参が、旧暦八月九日にミジキンの浜から船に乗って出発し、久高島の拝所を拝み、島で

図５　仲村渠集落から望む久高島

一泊して翌日帰路に就いたと言います（湧上 一九七八：二九一―三〇）。久高島からの使者たちは、ミジキンの浜に到着した後、旧道を上って仲村渠集落に到着すると、ミントン家へ向かう前にクダカガーで手足を洗ったと伝えられています（比嘉 一九九三：四三〇）。クダカガーの近くには、かつて久高側へ贈られる田芋を栽培したとされる場所が現在も残っています。

次に一行は集落の東側にあるアサギの神屋に移動します。この神屋はアサギ一門の本家の神屋で、五月・六月には稲の初穂と収穫された稲穂が捧げられる場所です。ここでは最初に、敷地内にあるカー（井泉）を拝みます。カーの前に線香を置いて、酒を献げて、参加者全員で手を合わせます。その後は神屋の中に入り、神屋の仏壇に並んでいる香炉にも線香を献げ、全員で拝みます。

その後、一行は集落の北側にある森の中に入っていきます。この森の中には、「トゥン（殿）」と呼ばれる拝所が複数箇所あります。殿は、拝所や祭祀場を意味する語で、村落内でカミを祀ったり、来訪神を定期的に迎えたりする場として複数おかれる場所です（渡邊他編 二〇〇八：三六三）。殿は、祠のような立派な構造物が設置されるかたちよりも、簡単な石積みや香炉だけが置かれている場合の方が多く、仲村渠集落の殿も同様です。アミシ御願では、チナーの後の御嶽の遥拝所、知名殿《ちなどうん》、西喜名後《いりちなくし》の殿《ぬとうん》を巡拝します。殿を拝み終わると、壮年のグループはミントングスクへ移動して、青年のグループが戻ってくるのを待ちます。

次に青年のグループのルートを見ていきましょう。青年のグループは最初に藪薩御嶽に向かいます。藪薩御嶽は、仲村渠集落から南西に一キロほど下った森の中、石灰岩台地の断崖の縁に位置しています。藪薩御嶽は、琉球を開闢したとされるアマミキヨが作った七御嶽の一つに数えられています。この御嶽には、毎年正月と、隔年毎の稲の初穂祭、九月の麦の初種子の時期、十二月の祈願の際に、祭祀を行うために王府から役人が派遣されたと伝えられています（外間・波照間編 一九九七：三〇八―三〇九）。現在、ここには二ヵ所に香炉が置かれていて、それぞれに線香と酒を供えて参加者が手を合わせます（図6）。

図6　藪薩御嶽を拝む青年たち

次に青年のグループは、藪薩御嶽から五〇〇メートルほど離れた場所にあるエーバンタ御嶽を拝みます。この御嶽も、『琉球国由来記』（一七一三年）に記録がある古い聖地です。この御嶽にも、一年おきに王府から使者が派遣され、祭祀が行われていました。また干ばつが続いた時には国王自ら訪れて雨乞いの儀礼を行ったとされています（外間・波照間編 一九九七：二〇八）。国王が訪れる場所であったことから、琉球王国時代にはエーバンタ御嶽から先述した藪薩御願、そしてアマミキヨが上陸後しばらく住んだ場所とされる浜川御嶽まで、石畳が敷かれ整備されていたといいます（南城市教育委員会編 二〇一八：一八六）。

その後、青年のグループは仲村渠集落に戻り、集落内にある前アカマ拝所、前アカマ拝所のカーを拝みます。前アカマの拝所は

図7　ミントングスク全景（奥の森全体がグスク．向かって右側の建物がミントンの神屋．）

別名「番屋」と呼ばれ、かつて村の種火を置いていた場所と伝えられています。また前アカマ拝所のカーは「番屋ヌカー」という別名があって、前アカマ拝所と対の関係にある井泉と言われています（南城市教育委員会編 二〇一八：一七八）。集落内にある拝所とカーを拝んだ後、青年のグループはミントングスクに向い、壮年のグループと合流します。

参加者が揃うと、まず全員でミントングスクの麓にあるミントンのカーを拝みます。その後、ミントングスクに上ります。ミントングスクは標高一一〇メートルほどの小高い石灰岩丘陵で、「グスク」と呼ばれるものの石積みなどは確認されていません（図7）。階段を上っていくと頂上部は石灰岩が露出した平場となっていて、ここからは久高島を含めた太平洋を一望することができます（南城市教育委員会 二〇一七：一〇二）。先述したように地元の伝承では、ミントングスクは琉球の祖先神であるアマミキヨによって築かれたと伝えられています。グスク内にはアマミチュー・シルミチューの遺骨を祀る「山嶺」、火の神である「ミントンノオタキ」、ニライカナイ（琉球列島の村落祭祀の儀礼で表現される世界観で、人間の住む世界と対比される他界（渡邊他編 二〇〇八：三九八））への遙拝所である「ニライカナイノオトーシ」等、さまざまな拝所や古墳が存在しています

（玉城村字仲村渠祭祀委員会編　一九九〇：五二）。字仲村渠のアミシ御願では、火ヌ神、ニライカナイのオトーシ、アガリユーのオトーシを巡拝します（図８）。巡拝後には、用意してあった餅とウンサク（米で作った濁酒状の神酒）を参加者全員で共食します。

ミントングスク内の拝所を巡拝した後は、集落北部に位置するオオヌトン（奥武の殿）に向かい、そこでカーと殿を拝みます。オオヌトンの次は集落の児童館の後方にあるニードゥクル（根所）という拝所を拝みます。戦前のニードゥクルは、石積と草葺き屋根でできた三坪ほどの建物で、その中に半球状の石と火ヌ神が祀られていたといいますが（玉城村字仲村渠祭祀委員会編　一九九〇：六〇）、現在は一坪ほどのコンクリート製の小さな祠の中に香炉が置かれているだけです。ニードゥクルを拝んだ後には、ニードゥクル前の広場に筵《むしろ》を敷いて、そこに太鼓や鉦《かね》や法螺貝などを並べます。これはアミシ御願終了後の夜に行われる綱引きの際に用いられる道具です。綱引きは集落をアガリ（東側）・イリ（西側）に分けて対抗戦のかたちで行われますが、勝負の際に自らの陣営に勢いをつけるべく良い音の鳴る道具を、アガリ・イリのメンバーがそれぞれここで吟味して選ぶのです。

図８　ミントングスク内での拝み

その後、参加者は太鼓や鉦を打ち鳴らしながら、ミントングス

図９　ミントンの神屋の庭でガーエーを行う村人

図10　ミントンの神屋内の仏壇

クに隣接するミントンの神屋まで行進します。ミントンの神屋は、屋号長枡家の住居二階の一角に設けられています。一行はミントンの神屋の庭でひとしきりガーエー（気勢の上げ合い）を行った後（図9）、区長と役員が神屋の中に入って儀礼を行います。神屋の中にはミントンの火ヌ神と仏壇があります。仏壇には「阿摩美姑神」の位牌と四つの香炉が安置されていて、香炉にはそれぞれ「シネリキヨ」、「アマミキヨ」、「天孫子」、「ミントンの先祖」が祀られていると伝えられています（図10）。ミントンの神屋はアマミキヨ直系一族の大元とされていて、現在でも沖縄各地から参拝者が絶えません（南城市教育委員会編 二〇一八：一七四）。区長が火ヌ神と仏壇を拝み、アミシ御願の終了を報告し、参加者全員で手を合わせてこの後の綱引きが無事に行われることを祈願して、祭祀は終了します。

5　聖地と水

拝所としての井泉

仲村渠集落のアミシ御願では、集落内のカーを巡拝することが一つの特徴としてあげられます。巡拝の対象となるカーは、上水道が整備された現在は使用されることはなく、場所によっては水量もかなり減っていることもあります。それでも拝むということは、それらのカーの存在が現在の村人の実生活における必要以上に大きな意味をもっていることの証になります。沖縄の多くの村落においては、「カーメー」といって井泉を拝む年中行事が行われます。その主体は村落であったり一族であったり、また行事が行われる日も旧暦一月二日や三日、旧暦九月などとさまざまですが、ウブガー（産井）やカミウカー（神御井）などの重要な井泉を拝んで、水に対する感謝と村や一族の健康・繁盛・豊作を祈願するという点において共通しています（桃原 一九八三b：六四三）。

現在みられる村落成立以前の琉球王国時代には、「マキョ」と呼ばれる古村落が存在していたと考えられています。そのマキョの成立要件としては、村落の守護神としての御嶽の神とその司祭者の存

図 11　線香にウンサクをかける区長（左側のペットボトル内がウンサク）

在と、御嶽付近に井泉または清流があって水が得られることが挙げられていて、さらにその当時すでに宗教的信仰の対象となっていた可能性が指摘されています（宮城　一九七九：五六）。マキョ時代の井泉に対する信仰が実際にどのようなものであったか、それが現在の民俗に直結するかどうかという問題については議論の余地がありますが、最初に述べた沖縄の特殊な水環境（その状況は、終戦後米国軍政府の主導で上水道が整備され始める一九五〇年代に入るまでほとんど変わりませんでした）を考えると、首肯できる部分があるように思われます。

水のもつ「力」

これと関連して興味深いのが、八重山の事例です。崎山は、やはり日本本土と沖縄諸島の水環境の違いをあげたうえで、八重山に「あみどゆう」（雨こそ豊年）という俚諺があることや、八重山の村々に伝わる古謡や慣習をとりあげて「「雨乞い」とは、実は「世乞い」であり、「世乞い」の〈ゆう〉とは、この雨水に裏打ちされた〈豊穣〉を意味していよう」として、沖縄諸島における雨＝水＝豊穣（特に稲の豊作）という関係性について指摘しています（崎山　一九七八：一三―一五）。仲村渠集落のアミシ御願の各拝所において酒を献ずる際に、泡盛の他にその年に収穫された米で作ったウンサクも併せて献杯することは、崎山の指摘した関係性と通じる側面があるといえるでしょう（図11）。

　藪薩の浦原にまで視野を広げると、水の重要性がさらに浮かび上がってきます。先述したように、琉球王国時代には国王自ら隔年ごとに知念・玉城を訪れて聖地を巡拝しましたが、その中には、藪薩の浦原にある浜川御嶽（浜川ヤハラ司・潮花司）と受水走水（浜川ウケミゾハリ水）が入っています。このとき国王は、浜川御嶽と受水走水において「御水御撫」（御水撫で）を行ったとされています（外間・波照間編　一九九七：三一〇）。御水撫では「ウビナディー」といって、村の若水や産湯をとる産井などから汲んだ水を指につけて額を三回撫でる呪法で、孵《す》で水（脱皮再生の聖水の意味）を浴びるのと同じ効果があると信じられました（湧上　一九八三：三〇八）。国王は隔年ごとの稲の初穂祭に両聖地を訪れ、そこに湧き出る水から新たな生命力を得たのです。また、干魃が続いた際には、これも藪薩の浦原にあるエーバンタ御嶽を国王自ら訪れ、天に雨を乞うていました。加えて知念・玉城行幸においては、藪薩の浦原から北西へ二キロほどの位置にある玉城グスク内にある雨粒天次《あまつづ》と呼ばれる聖地も参拝していましたが、干魃が続いた際にはこの場所へも国王自身による参拝が行われたといわれています（外間・波照間編　一九九七：三〇八）。このように、東四間切の聖地の中でも玉城地域（特に仲村渠集落周辺）の聖地は、稲作・雨・水と深く関係しているといえるでしょう。

伝承が伝えること

ちなみに玉城地域に伝わるアマミキヨ伝承は、考古学的にも興味深い話題を提供してくれます。琉球の祖先神であるアマミキヨはヤハラヅカサに降り立った後、浜川御願でしばらく暮らした後に台地上に上がり、その後ミントングスクに居住したとされていますが、ヤハラヅカサや浜川御嶽が位置する百名から新原〜垣花にかけて延びる石灰岩地帯を中心に新原第二貝塚や百名第二貝塚など三千数百年前頃の遺跡が発見されています。また久高島でも大嶽貝塚や久高貝塚など同時期の遺跡が発見されていて、当時の人びとが久高島など小さな島々にも拡散していく様子がうかがえます（南城市史編集委員会編　二〇一〇：四六―四七）。一方、ミントングスクの周囲からは磨製石斧や縄文土器、グスク土器、青磁、陶磁器が表面採取され、さらに仲村渠集落周辺でも仲村渠殿遺跡、仲村渠集落内遺物散布地、仲村渠貝塚などが発見されていて、この地において古くから人類の活動があったことが明らかになっています（南城市教育委員会　二〇一七：一〇二）。これらのことから、アマミキヨ伝承を、貝塚時代〜グスク時代にかけてこの地域に生きた人びとの発展史を、一人の半神的英雄の行跡として物語ったものだとする見方もあります（湧上　一九七七：四一）。その見方の正否はさておき、この地域一帯において、先に説明した沖縄における先史時代〜グスク時代にかけての人びとの生活の変化が凝縮して見られ、どの場所においても水場が近くにあったというのは興味深い事実です。

おわりに

本章では、沖縄本島南部地域に伝わる水と穀物に関係する伝承と年中行事を中心にみてきました。同じく穀物栽培を生活基盤においてきた日本本土と沖縄ですが、農耕社会にいたる歴史と水環境については大きく異なり、そのことと関係して水と穀物に関係する伝承と年中行事にもさまざまな違いが見られることが理解できたと思います。

最近の考古学的研究では、琉球諸島における農耕は、九州方面から奄美諸島を通じて沖縄諸島へ、つまり北から南へと伝えられたと考えられています。しかも初期段階においては、奄美諸島では稲や粟や大麦の栽培が中心であった一方、沖縄諸島では粟が重要な作物であった可能性も指摘されていま す（沖縄考古学会編 二〇一八：一二三八）。こうした研究成果を踏まえると、本章で紹介した久高島や知念・玉城を中心とした穀物発祥伝承は、創作された伝承、あるいは沖縄本島南部に限定的に流布していた伝承であると考えるべきかもしれません。それが琉球王国の正史の一部となったのは、すでに先学が指摘しているように、この地域に琉球を統一した第一尚氏の故地があったということと無関係ではないでしょう（伊波 一九七四：二四二）。

琉球王国が滅亡した後、王府主導で行われてきた東四間切における祭祀も行われなくなりました。しかしそれらの祭祀は完全に断絶したわけではなく、民間の村落祭祀として部分的に引き継がれることで存続しました。そうして行われる年中行事は、国家の安定的経営のためや王権の正統性を示すためなど為政者の論理ではなく、日常生活を平穏無事に送れることを求める庶民の小さな願いに支えられていました。そしてその中心に、人間にとって必要不可欠な「水」があったということは、見落とすべきではないでしょう。

参考文献

伊波普猷「つきしろ考」『伊波普猷全集』五、平凡社、一九七四年
伊波普猷・東恩納寛惇・横山重『琉球史料叢書』五、井上書房、一九六二年
沖縄気象台『沖縄の気候解説』沖縄気象台、一九九六年
沖縄考古学会編『南島考古入門―掘り出された沖縄の歴史・文化―』ボーダーインク、二〇一八年
沖縄総合事務局開発建設部建設行政課編『沖縄と水』沖縄総合事務局開発建設部建設行政課、一九七三年
神谷智昭「民俗行事の復活と共同体の再活性化―沖縄県南城市仲村渠の稲作儀礼の事例を中心に―」古家信平編『現代民俗学のフィールド』吉川弘文館、二〇一八年
武井弘一『茶と琉球人』岩波書店、二〇一八年
玉城村字仲村渠祭祀委員会編『ミントン』仲村渠祭祀資料 No.1　玉城村字仲村渠、一九九〇年
崎山　直「「世」の思想―ユートピアをさぐる―」『八重山文化』六、東京・八重山文化研究会、一九七八年
島袋盛敏『球陽外巻 遺老説傳』學藝社、一九三五年
南城市史編集委員会編『南城市史　総合版（通史）』南城市教育委員会、二〇一〇年
南城市教育委員会編『南城市のグスク』南城市教育委員会、二〇一七年

南城市教育委員会編『南城市の御嶽』南城市教育委員会、二〇一八年
比嘉康雄『神々の原郷　久高島』下巻、第一書房、一九九三年
外間守善・波照間永吉編『定本　琉球国由来記』角川書店、一九九七年
宮城栄昌『沖縄のノロの研究』吉川弘文館、一九七九年
桃原茂夫「浴みしの御願」『沖縄大百科事典』上、沖縄タイムス社、一九八三年a
桃原茂夫「カーメー」『沖縄大百科事典』上、沖縄タイムス社、一九八三年b
柳田国男『海南小記』創元社、一九四〇年
湧上元雄「「藪薩の浦原」考」『琉球大学法文学部紀要』二一、琉球大学法文学部、一九七七年
湧上元雄「沖縄の御岳と伝承・付 白米城伝説」『沖縄民俗研究』創刊号、沖縄民俗学会、一九七八年
湧上元雄「ウビナディ」『沖縄大百科事典』上、沖縄タイムス社、一九八三年
渡邊欣雄・岡野宣勝・佐藤壮広・塩月亮子・宮下克也編『沖縄民俗辞典』吉川弘文館、二〇〇八年
沖縄気象台ホームページ　https://www.jma-net.go.jp/okinawa/know/kaiyo/tenko/hontoukisou.html#:~:text=%E5%B9%B4%E9%99%8D%E6%B0%B4%E9%87%8F%E3%81%AF%E9%82%A3%E3%A6%87,%E3%81%A6%E3%81%84%E3%81%BE%E3%81%99%EF%BC%88%E5%9B%B3%203%EF%BC%89%E3%80%82（二〇二三年十二月二七日検索）
南城市ホームページ　https://www.city.nanjo.okinawa.jp/shisei/jichikai/tamagusuku/nakandakari/（二〇二四年一月十八日検索）

第Ⅱ部

信仰・儀礼と水

第1章　水からみた日本古代国家
――雨乞い儀礼と祈雨祭祀――

仁藤敦史

はじめに

本章では、日本古代国家が、手本にした中国の古代国家や朝鮮半島諸地域の古代国家群と、どのような点が同じで（普遍性）、どのような点が異なり（特性）、そうした特徴は水との関連においてどのように生起されてきたのかを論じていきます。

こうした課題意識に正面から答える用意はないのですが、王権による雨乞い儀礼、大和川の合流点で水神を祭る広瀬社の祭祀など、いくつかの視角から水と古代王権の関係を論じてみます。

1　漢字・律令・仏教・儒教

冊封体制と文化

古代の中国・朝鮮・日本という地域、すなわち「東アジア」という広域史の枠組みを論じる場合、しばしば言及されるのは西嶋定生が提起した「冊封《さくほう》体制」論です（西嶋 二〇〇二a）。これは、戦後における古代「東アジア世界」に対する理論的な構造化の試みでした。

六世紀から八世紀までの中国王朝と東辺諸国（高句麗・百済・新羅・日本・渤海）との関係が、中国王朝を中心とする政治体制により東アジアの国際関係が動かされていたことを論証し、東アジア諸国の国際関係を規定している秩序として「冊封関係」（前近代の東アジアにおける国際関係の特徴を表現する歴史用語）があることを明らかにしたものです。

「冊封」とは元来は封建制の基本理念で、封土を分かち与えてその地域の君長に任命する、という辞令書を授与することです。周代の封建制度と同義で中国の国内秩序を示す用語でした。それが、漢王朝以降に封建制度が復活したため、国内秩序の外延部分として、中国と周辺諸国の君長との間に新しい関係が成立する契機となりました。周辺諸国の首長が中国王朝により封建された王となれば、中国国内の王と同じ立場に立つことになり、中国皇帝との君臣関係が外国の君主にも結ばれて、国内の君臣関係の論理が適用されることになりました。

冊封の論理として、冊封国は国内的権威を確立し、国家間の対立を有利に導くことを期待するために冊封を受けますが、中国皇帝の立場では、外国の冊封は国内の君臣関係の秩序維持と繋がり、中国王朝の権威を冊封国以外にも示すことができます。さらに冊封論理の自己運動を前提として、漢字・律令制・仏教・儒教のような中国の文物制度（文化）が波及します。官職の授受を媒介にして結ばれたことにより発生する国際的な文化の伝播をふくめた体制が「冊封体制」と定義されます。

漢字文化の中の「水」

前近代の日本を包含する「東アジア世界」は中国文化圏として完結し、その共通文化の要素は、外交手段として用いられた漢字文化により表現される儒教・律令制・中国化した仏教（漢訳仏典）の四つで、中国を中心に朝鮮・日本・ベトナムという地域が該当するとされます。これらは文化が文化として拡延した結果ではなく、文化圏と政治圏が一致して自己完結的構造を有し、中国を中心とする政治的構造（冊封体制）に媒介されることによって周辺諸国に伝播したことが強調されます。東アジアの中国文化圏の四つの指標のうち漢字が重要で、地域間の意思伝達を可能にし、他の指標も漢字を媒介にして伝播可能となり、東アジア世界は基本的に漢字文化圏であったとされます。

こうした、漢字文化を媒介とした律令制（都城制）・仏教・儒教のなかに含まれた水を媒介にした支配の考えが倭国にもたらされました。倭国では、在来の水に対する信仰と融合しつつ、複雑な展開を見せることになります。

2　皇極女帝の雨乞い記事

王権と祈雨

共同体における水の問題は、農耕を基本とする地域では用水や雨乞いの問題として現象します。著名なフレイザーによる『金枝篇』には、王権と祈雨の関係性を示すさまざまな事例が紹介されています（フレイザー 二〇〇三・二〇一一）。

自然現象のなかでも、雨は太陽や風とともに文明人に自らの無力さを感じさせますか、蛮人たちはそれらをある程度自らが制御可能であると考えていたと指摘します。たとえば、ロシアでは雨が大いに望まれる場合、雷鳴や稲妻をまね、「雨乞い師」が一面に水を蒔きました。これは、望まれる出来事は、それをまねることによりもたらされるという類感呪術や模倣呪術の実践と位置づけられます。

また雨の神に雨を強要する方法としては、神の出没する場所で神を困らせるやり方も紹介されています。中国では龍が雨の神でした。雨の神には、しばしば家畜などの生贄がささげられました。神聖な役割が王という称号と結びつき「雨の王」ともされ、適切な時期に雨を降らせる能力があると信じられていました。アフリカでは「雨乞い師」（レイン・メーカー）が首長になる例が多く、首長最大の術は、雨を降らせることでした。しかし、雨を降らすことができないと罰せられ、その地位を追われることもありました。

フレイザーも、古代の中国人が書き残した朝鮮の事例として紹介しています。『三国志』東夷伝夫《ふ》余《よ》条の以下の記載です。

旧夫余俗、水旱不レ調、五穀不レ熟、輒帰二咎於王一、或言レ当レ易、或言レ当レ殺

(旧《もと》夫余の俗、水旱調《すいかんととの》わず、五穀熟らざれば、輒《すなわ》ち咎《とが》を王に帰し、或いは当《まさ》に易《か》うべしと言い、或いは当に殺すべしと言いき)

この記載によれば、古い夫余の習俗では、天候が不順で、穀物が成熟しないときは、そのたびに王の罪を問い、交代させるべきだと言い、或いは殺すべきだと言ったという。

すでに、三世紀において旧俗として記述されていますが、扶余王麻余《まよ》の死に関係して記載されていることから、完全には克服されてはいなかったとも考えられます。

また百済では、天地に対する祭祀儀礼は東城王十一年(四八九)以降になると見えなくなること、六世紀前半には中国梁への朝貢により仏教と儒教の導入が図られること、儒教(礼記《らいき》・周礼《しゅらい》など)の導入により喪葬観念が変化し、積石塚から横穴式石室への転換が熊津《ゆうしん》時代に確認されること、などが指摘されています(有働 二〇一五)。朝鮮半島諸国でも、中国からの仏教や儒教の導入以前には、王や首長によるシャマニズムの要素が強かったことがうかがわれます。「王殺し」という、王がその地位を失う契機として雨乞いの失敗が挙げられていることは、王の資質として「雨乞い師」の能力が強く求められ、天候や農耕に対して王が責任を負っていたことが知られます。

皇極女帝の雨乞い

一方、日本古代の事例としては、皇極女帝の雨乞い記事があります。従来は、皇極女帝が雨を降らせるシャーマン的な能力を示した巫女王（司祭王）として評価される事例とされてきました。

雨乞い記事を考える前提として、推古期における暦の導入があります（『日本書紀』推古十年十月条）。暦法の習得は、百済僧観勒《かんろく》が暦本や天文地理書をもたらし、書生を選んで学習させたとあり、陽胡《やこの》史《ふひと》の祖玉陳《たまふる》が最初とされています。この暦術の本格的導入と連動して、『日本書紀』の天文記録は、推古二十八年（六二〇）を初見として、以後天武・持統期まで散見するようになります。推古期二例、舒明期七例、皇極期二例、天智期一例、天武期十三例、持統期七例の頻度となります（谷川・相馬二〇〇八）。こうした記録化が進んだことにより、旱魃の記録も詳細に残されるようになります。暦の導入による天文や異常気象（長雨や旱魃）の記録化は、祥瑞災異《しょうずいさいい》思想による中国正史の「天文志」や「天皇記」「国記」の編纂などにより意識されるようになりました。

具体的な旱魃記録が『日本書紀』に記載されるようになるのは推古三十六年四月条からで（神代紀や安閑紀にも「旱」とありますが、田に対する評価記載です）、「春より夏に至るまでに、旱《ひでり》す」とあります。以後、舒明紀と皇極紀に連続して記載されます。舒明紀八年（六三六）五月条に、「霖雨《ながあめ》して大水あり」、同是歳条には「大きに旱《ひでり》して、天下飢《う》う」とあります。しかし、国家的な対応はまだなされていません。

そのつぎに来るのが、皇極元年（六四二）七月からの雨乞い記事で、これに先行して六月是月条に、

「大きに旱《ひでり》す」とあります。祈雨すなわち雨乞い記事がはじめて旱魃記事に続いて見えることは注目されます。異常な気象や災害を重要視する考えが強くなり、記録化する意識が生まれたらしいのです。農耕における水旱の害が王権にとって大きな関心事になってきたことを示します。

祈雨の記事については、七月から八月にかけて三つに区分される記述があります。まず第一に、『日本書紀』皇極元年七月戊寅条前半には

群臣相語りて曰《いわ》く、「村村の祝部《はふりべ》の所教《おしえ》の随《まま》に、或いは牛馬を殺して、諸《もろもろ》の社《やしろ》の神を祭《いの》る。或いは頻《しきり》に市を移す。或いは河伯《かわのかみ》を禱《いの》る。既に所敷《しるし》無し」という。

とあります。村々の祝部《はふりべ》（神社の下級神職）たちの教えに従って、①牛馬を殺す、②市を移動させる、③河伯《かはく》（河の神）に祈る、という三種類のやり方により雨乞いしたが効果がなかったとあります。「村々」とあるように、いずれも共同体的な祈雨の方法のように記載されますが、その方法は、いずれも中国的です。

まず①牛馬を殺して神を祭るのは、「唐祀令《しれい》」に例があるのに対して、日本では神祇令には犠牲獣が規定されず、牛を殺すのは「漢神《からかみ》」を祭るためと表現されていることからすれば（『続日本紀』延暦十年（七九一）九月甲戌条、『日本霊異記』中巻第五話）、明らかに外来の習俗でした（井上 一九八四）。

つぎに②市を移動させることも、中国では旱に対して市を移して雨乞いする事例が、しばしば正史に記載があります（『旧唐書』本記第十粛宗本紀・乾元二年（七五九）四月癸亥条など）。ちなみに、市を移動させる事例は唐の前半期に多く、後半は「名山大山」に祈る例が多いとされます（古瀬 一九九九）。

③河伯に祈るという行為も、中国由来です。たとえば、前漢の劉向《りゅうこう》が編纂した歴史故実集である『説苑《せつえん》』巻十八弁物には、旱魃の時に霊山（山の神）とともに河伯（河の神）が雨を降らせる存在として語られます。

以上によれば、これら祭祀は在地社会で一般的に行われていたように記載されていますが、渡来人による特殊な事例が特記されたと考えられます。中国風の祈雨儀礼では効果がなかったことの強調が記載の意図と考えられますが、群臣による事例報告として、共同体単位での個別の祈雨儀礼が行われていたことが、この記載からは読み取ることができます。さらに、群臣たちが会議の場で祈雨の儀礼の方法を議していることは、祈雨儀礼が国家的な重大事になっていたことが知られます。

仏教的な祈雨儀礼

つぎに共同体単位での祈雨の試みが失敗すると、今度は蘇我蝦夷《そがのえみし》が仏教的な方法で祈雨祈願を試みます。『日本書紀』皇極元年（六四二）七月戊寅条の後半には

蘇我大臣報《こた》えて曰《いわ》く、「寺寺にして大乗経典を転読《よ》みまつるべし。悔過《けか》すること、仏《ほとけ》の説きたまう所の如くして、敬《いや》びて雨を祈《こ》はん」という。

とあり、続いて庚辰条には

大寺の南の庭《おおば》にして、仏菩薩の像《かたち》と四天王の像とを厳《よそ》いて、衆《もろもろ》の僧を屈《いや》び請《ま》せて、大雲経等を読ましむ。時に、蘇我大臣、手に香炉を執《と》りて、香を焼《た》きて願を発《おこ》す。

とあります。そして辛巳条には「微雨《こさめ》ふる」、壬午条には「雨を祈うこと能《あた》わず。故《かれ》、経を読むことを停《とど》む」とあります。

「大雲経」には、「祈雨壇法」という壇設置の説明があり、旱の時に雨を祈る場合には、露地に壇を作り、瓦礫《がれき》や諸穢物を除去し、青い幕を張設し、青幡を懸ける。壇には池を描き龍王を書くとあります。経典は一日、二日から七日の間に読経すれば必ず雨が降り、災異が重なっても読経を続ければ雨が降ると説いています（大正一切経刊行会　一九二八）。

「大雲経」という仏教経典が祈雨儀礼に用いられたことは初めてで、さらに蘇我大臣が国家の政策として「寺寺」に命じたことも新たな試みといえます。共同体を超えた国家的な祈雨儀礼として仏教経典が用いられたことに大きな意義がありますが、結局は「微雨」に留まったため停止されました。

このことに触発されて、最後に皇極女帝が自ら雨を祈ります。続く八月甲申朔条には、天皇、南淵《みなぶち》の河上に幸《いでま》して、脆《ひざまず》きて四方《よも》を拝《おが》む。天を仰ぎて祈《いの》りたまう。即ち雷《いかづち》なりて大雨ふる。遂に雨ふること五日。溥《あまね》く天下を潤《うるお》す。或本に云はく、五日連雨《ながめ》ふりて、九穀登熟《みの》れりという。是に、天下の百姓、倶《とも》に万歳と称《よろこびもう》して曰《もう》さく、「至徳《いきおい》まします天皇なり」ともうす。

天皇が自ら祈雨を願った行動は、『礼記』曲礼下にみえる「天子は天地を祭り、四方を祭る」という「四方拝《しほうはい》」が採用されています。天子が行う政治は天と密接な関係があり、相互に影響を与えあっているという天人相関説によると、旱魃は天による譴責《けんせき》で、政治が乱れているとされます。天皇の善政により天が雨を降らせたと解釈されています。

結局、村々の祝部《はふりべ》・大臣蘇我蝦夷・皇極女帝による祈雨儀礼は、いずれも外来的な思想と方法により、新たに導入されたものと想定されます。しかしながら、先述したように首長や王が自ら祈雨儀礼を主催するという点では、伝統的な祭祀の延長線上に位置づけることもできます。この記事が、まさに天皇権力の集中を目論んだ「大化改新」の前夜に発生した事件であること、天武朝以後の祈雨儀礼は、結局は後述するように在来的な神への奉幣《ほうへい》という神祇祭祀による方式で統合化したこと、などを重視するならば表現はあくまで中国風ですが、その方式は以後に継承されず、主流にはならない方式でした。『日本書紀』では天武期においても「名山嶽瀆《なのあるやまかわ》」に雨を祈るなど中国的な記述がありますが（持統六年五月辛巳条）、実質は諸社への奉幣を意味するもので、内実は異なっていたと考えられます。

おそらく眼目は天皇自らの祭祀が村々の祝部や蘇我氏よりも優越していることを示すことで、その強力な天皇の祭祀能力を前提に、共同体的な在来の神を国家が統合し神祇政策として展開していこうとする構図が読み取れます。現実は、共同体を越えて天皇が各共同体の祭祀を統合することは容易ではなく、六御県《むつのみあがた》など大和地域に限定された雨乞いであったと考えられます。

以上の三つの祈雨儀礼において、

Ⅰ村々の祝部が中国流の請雨に失敗

Ⅱ蘇我蝦夷が仏教による請雨に失敗

Ⅲ皇極女帝が主催する在来の祭祀により南淵の河上で祈雨すると成功

という構造が確認されます。天皇の祭祀能力が在地の祝部や蘇我氏よりもすぐれていることを示す説話的な内容であったことは明らかです。この儀礼の性格は、天皇による祭祀が、中国や仏教といった外来の祭祀よりもすぐれていることを示そうしたものですが、共同体ごとの祈雨儀礼から全国的・国家政策的祈雨への転換という意味では、蘇我氏による仏教的な祈雨儀礼も評価されるべきです（藪二〇〇二）。

律令制下では全国的な祭祀となる新嘗《にいなめ》の儀礼も、「天皇新嘗御《きこしめ》す。是の日に、皇太子・大臣、各自ら新嘗す」（『日本書紀』皇極元年十一月丁卯条）とありますように、まだ群臣ごとに個別的かつ分散的でした。皇極朝段階における新嘗祭祀の分散性は祈雨の分散性と対応し、この段階では在地の祈雨儀礼とは異なる蘇我氏の仏教的祈雨儀礼による統合的役割をむしろ評価すべきです。

天皇による祈雨の評価は、中国の「四方拝」という特異性により史実性を否定するのではなく（諸社への奉幣方式はまだ不可能な段階、また対象は「天下」とあるが広瀬・龍田祭を念頭に置けば、まだ大和盆地が主なる対象か）、以後の展開を考えるならば、王が本来的に有したレインメーカとしての能力を強調した点に注目すべきです。皇極紀の雨乞い説話は、かつての王はすべからくレインメーカであり、雨を降らせる能力を持つ者こそが王権を維持できるという原点を確認した説話であったと考えられます（藪二〇〇二）。

3　広瀬・龍田祭の成立

雨乞いの転機

国家的祭祀は、中心に個人的な霊力を有すると信じられた天皇がいることと、行政的な命令により奉幣などが実行されることが必要です。行政的な蘇我氏的祭祀と超越的な天皇的祭祀が統合されなければ、律令制的な国家祭祀は実現しません。王による祭祀は、扶余王の場合に示されるように、失敗してはいけないもので、桓武天皇に実例があるものの、以後は顕在化しません。

皇極期以後、天武期まで『日本書紀』には「旱」の記事は見えなくなり、積極的に祈雨儀礼を行ったとする記事もありません。豪族による共同体レベルの雨乞いが基本的には継続したと考えられます。こうした状況が大きく変化するのは天武期です。

祈雨記事は、天武五年（六七六）に突如復活します。

『日本書紀』天武五年六月是夏条

大きに旱《ひでり》す。使を四方《よも》に遣《つかわ》して、幣帛《みてぐら》を捧げて、諸《もろもろ》の神祇に祈らしむ。亦諸の僧尼を請《ま》せて、三宝に祈らしむ。然れども雨ふらず。是に由りて、五穀登《みの》らず。百姓飢《う》う。

ここでは、使者を派遣して諸神に奉幣するとともに、僧尼が三宝に祈るというやり方が見えます。幣《へい》帛《はく》（神前に供える物）を捧げるという形式は新しく、各地域の神を王権が統括する新たな形式を採用しています。以後も「諸国旱《ひでり》す。因《より》て幣帛《みてぐら》を諸社に奉る」（『続日本紀』文武二年（六九八）五月庚申条）などとあるように、諸社に対する奉幣という形式が雨乞いの中心的な方式となります。なお、使者を「四方」に派遣するという記載は、皇極紀の「四方拝」を連想させます。さらに翌年五月には、旱《ひでり》す。京及び畿内に雩《あまごい》す。

とあります（天武六年五月是月条）。注目されるのは「雩」という用字で、中国では雨乞いを意味する漢字ですが、必ずしも中国式の雨乞いを採用したわけではなく、修辞として用いられているにすぎないものです。

以後、王権を主体とする祈雨儀礼が天武・持統紀には頻出するようになります。これは、「旱」に際して、共同体ごとの対応から王権による対応に変化したことを示します。壬申の乱に勝利した天武天皇の時代から、王権が畿内を中心とする諸社に働きかけて雨乞いをする方式が開始されたのは偶然ではなく、祭祀権への介入が可能となった当該期に開始される理由がありました。王みずからが祈願するという形式は残存しますが、王みずからの個人的な霊力に依存した祭祀方式は前面には出なくなり、国家による宗教政策として祈雨儀礼が定式化されることは大きな転換であったと評価されます。

広瀬・龍田の祭

当該期の王権による雨乞い祭祀を考える場合、天武・持統期に開始された広瀬・龍田の祭が注目されます。この祭は、『日本書紀』天武四年（六七五）四月癸未条に初見します。

小紫《しょうし》美濃王・小錦下《しょうきんげ》佐伯連広足《むらじひろたり》を遣して、風神を龍田の立野に祠《まつ》らしむ。小錦中《しょうきんちゅう》間人《はしひと》連大盖《おおふた》・大山中《だいせんちゅう》曾禰《そね》連韓犬《からいぬ》を遣して、大忌神を広瀬の河曲《かわわ》に祭らしむ。

これによると、龍田の立野では風神、広瀬の河曲では大忌《おおいみ》神が祭られたとあります。両者は大和盆地の西端に位置し、大和川の合流点を挟んだ地点に位置します。「神祇令《じんぎれい》」には広瀬大忌祭と龍田風神祭は四月（孟夏《もうか》）と七月（孟秋《もうしゅん》）の祭と規定されます。「義解」などの注釈には、山谷からの下り水が変じて「甘水」となり、苗稼に浸潤して、すべての農作物が成熟して稔ることを祈る祭と説明します。また、朝廷より五位以上の使者を派遣するともあります。

両社は、『延喜式』巻三、臨時祭26祈雨神祭条によれば、大和国の代表的な祈雨神として挙げられています。

祈雨神祭八十五座〈並大〉
（中略）
大和社三座　大神社一座　石上社一座　太社二座〈或作二多社一〉　一言主社一座　片岡社一座
広瀬社一座　龍田社二座　巨勢山口社一座　葛木水分社一座　賀茂山口社一座　当麻山口社一座
大坂山口社一座　膽駒山口社一座　膽駒社一座　石村山口社一座　耳成山口社一座　養父山口社一座　都祁山口社一座　都祁水分社一座　長谷山口社一座　忍坂山口社一座　宇陀水分社一座
飛鳥社四座　飛鳥山口社一座　畝火山口社一座　吉野山口社一座　吉野水分社一座　丹生川上社一座〈已上大和国〉

ここには、大和・大神・石上などの有力社や大和川水系を総括する広瀬（水神）・龍田（風神）以外に、大和国の山口社と水分《みこまり》社が網羅されています。『延喜式』巻八、祝詞3祈年祭条には、「御《み》県尓《あがたに》坐皇神《いますすめがみ》」として「高市・葛木・十市・志貴・山辺・曾布」があり、「山口坐皇神」として「飛鳥・石村・忍坂・長谷・畝火・耳成」、「水分坐皇神《みくまりにいますすめがみ》」として「吉野・宇陀・都祁・葛木」が列挙されています。これらと重複するものを太字にするならば以下のようになります。

山口十四社━巨勢（曽我川）・賀茂（葛城川）・当麻（葛下川）・大坂（葛下川）・膽駒（龍田川）・**石村**（寺川）・**耳成**（寺川）・養父（白砂川）・都祁（布目川）・**長谷**（初瀬川）・**忍坂**（初瀬川）・**飛鳥**（飛鳥川）・**畝火**（曽我川）・吉野（吉野川）

水分　四　社━**葛木**（葛城川）・**都祁**（布目川）・**宇陀**（宇陀・芳野川）・**吉野**（吉野川）

丹生川上（吉野川）

祈年祭祝詞《きねんさいのり と》の山口社六座と祈雨神祭条山口社十四座の違いは、大和川系列から大和全域に拡大していることで、歴史的な段階差をそこに読み取ることができます。なお、祈年祭条では畝傍山口社と耳成山口社がなく、甘樫山口社があり十三座となっています。こうした山口社と水分社のあり方は他国には見られない体制です。さらに『延喜式』巻八、祝詞5祈年祭条には山口神と倭の六御県社《むつのみあがたしや》が祝詞《のりと》に記載があります。

広瀬大忌祭

広瀬の川合に称《たた》へ辞竟《ことおえ》へ奉《まつ》る皇神《すめがみ》の御名を白《もう》さく、（中略）**倭の国の六つの御県の山の口に坐す皇神等の前にも、（中略）皇神等の敷き坐す山々の口**より、さくなだりに下し賜ふ水を、甘き水と受けて、天の下の公民《おおみたから》の取り作れる奥《おく》つ御歳を、**悪しき風・荒き水**に相はせ賜はず、（中略）王等・臣等・百《もも》の官《つかさ》の人等、**倭の国の六つの御県の刀祢《とね》**、男女《おとこおみな》に至るまで、祝詞の文言と対応するように、『延喜式』巻1四時祭上14大忌祭条には、六御県社の六坐と山口社十四坐を合祭するとあります。

　大忌祭一座〈広瀬社、七月准レ此〉

　（中略）

　是日、以二御県六座、山口十四座一合祭

広瀬は佐保川・初瀬川・飛鳥川・葛城川・高田川などが合流して大和川となる地点に位置します。六県社と山口社を合祭するとは、「山々の口から勢いよく流れる水を良い水とし、公民らのつくる稲を悪風・悪水に合わせない」ため、水源に位置する山口社と天皇に蔬菜を献上する古くからの「県《あがた》」を一体的に祭祀する目的がありました。御県社の位置と水系を示すならば以下のようになります。いずれも大和川水系に属しています。

　御県社―高市（飛鳥川）・葛木（葛城・高田川）・十市（寺川）・志貴（初瀬川）・山辺（高瀬川）・曾布（佐保・富雄川）

大和盆地においては、六御県が置かれた「高市・葛木・十市・志貴・山辺・曾布」などの地域の開発は古く、七世紀に頻出するようになる広瀬・斑鳩・飛鳥の開発は相対的に新しいものでした。大和盆地に限定されますが、水の管理と農耕を王権が統制しようという意図が祭祀体系からは読み取れます。

　広瀬大忌祭と龍田風神祭は、天武八年以降記載の順番が「広瀬・龍田」の順で固定し、持統紀前半から「遣使者」という定型の語が入り、毎年四月と七月の祭祀は固定され、「祭」が「祀」に変化します（山口 二〇二〇）。天武期には流動的であった祭祀のかたちが、持統期になると以後に継承される形式化が確認されます。

おわりに

東アジアに展開した古代国家は、漢字文化を媒介とした律令制（都城制）・仏教・儒教という共通性を有していましたが、雨乞いという比較的共通する祭祀文化においても、土俗的な神祇祭祀と儒教・仏教など外来的な要素のせめぎあいとして、それぞれが固有の展開をみせたことがうかがわれます。倭国では平安期に向けて神祇→仏教→陰陽道への展開が確認されます。とりわけ、王や各地の首長は、すべからくレインメーカで、雨を降らせる能力を持つ者こそが王権を維持できるという意識が強く残ります。天人感応説や仏経的祈雨ではなく、まずは天皇による祈願という形式を重視した神祇的なあり方が中心になったと解釈されます。

参考文献
井上光貞『日本古代の王権と祭祀』東京大学出版会、一九八四年
有働智奘「六世紀における百済王の神祇信仰―仏教受容による実態と課題について―」『國學院大學紀要』五三、二〇一五年

大正一切経刊行会『大正新修大蔵経』第一九巻密教部二、一九二八年
谷川清隆・相馬充「七世紀の日本天文学」『国立天文台報』一一、二〇〇八年
西嶋定生「東アジア世界と冊封体制」（『西嶋定生東アジア史論集』三、東アジア世界と冊封体制）岩波書店、二〇〇二年（初出一九六二）
古瀬奈津子「雨乞いの儀式について」唐代史研究会編『東アジア史における国家と地域』刀水書房、一九九九年
藪　元晶『雨乞儀礼の成立と展開』岩田書院、二〇〇二年
山口えり『古代国家の祈雨儀礼と災害認識』塙書房、二〇二〇年
J・G・フレイザー、吉川信訳『初版　金枝篇』上、ちくま学芸文庫、筑摩書房、二〇〇三年
J・G・フレイザー、吉岡晶子訳『図説　金枝篇』上、講談社学術文庫、講談社、二〇一一年

第2章　神社と水

新谷尚紀

はじめに

日本の神社の創祀と歴史について、これまで筆者が指摘していた論点をまずまとめておくなら、以下のとおりです。

第一に、（1）人類が神霊や精霊への畏怖と信仰をもったのは人類が「死を発見」して霊魂観念と他界観念をもつ種となってしまった時点にさかのぼります（伊谷 一九八六、水原 一九八八、新谷 一九九五）。（2）日本の神社の創祀の基本は、古代の水田稲作の定着を起点としており播種《はしゅ》から収穫への平穏の祈念と報謝でした（新谷 二〇二一a）。（3）神社の施設はいろいろと多様ですが、歴史的な変遷論の観点から整理すると、まず、α磐座《いわくら》祭祀、次いで、β禁足地祭祀、そして、γ社殿祭祀へ、という三段階の展開がありました。その歴史事実は、眼前の日本各地の具体的なαβγの事例の存在という神社の多様性の中から帰納することができます（新谷 二〇二一a）。

第二に、神社と水についてこれまで指摘していた点は以下のとおりです。（1）神社の立地の上で注目されるのは、A水源祭祀、とB清流祭祀、の二つのタイプです（新谷 二〇二一b）。

古代にさかのぼる上では考古学の研究成果に学ぶところが多く、学際協業という方法が今後も期待されます（辰巳 一九八八、穂積 一九九四、坂・青柳 二〇一一、高野 二〇一四、坂 二〇二〇）。ただし、神社と水との関係について筆者はこれまでそれ以上には論及していなかったので、以下は、少し新たな情報の整理の結果として提出しておくものです。

1　水源祭祀

（1）水源祭祀と磐座祭祀

三輪山と纏向遺跡と大神神社　α磐座祭祀と、A水源祭祀とがセットになっている具体的で典型的な事例が、三輪《みわやま》山の祭祀遺跡の磐座と纏向《まきむく》遺跡一帯の水田地帯の水源としての三輪山とその山麓に立地している大神《おおみわ》神社です。初瀬谷《はつせだに》から流れ出る初瀬川をはじめ三輪山と龍王山《りゅうおうざん》との間の渓谷から流れ出る巻向川《まきむくがわ》、そして三輪山麓の開析谷から流れ出る小さな狭井川《さいがわ》、活日川《いくひがわ》、大宮川など、豊かな水利を活用できる地勢が拡がっています。

一九七一年（昭和四十六）の発掘調査では纏向の大溝と呼ばれる水利灌漑施設と、盆地の自然の傾斜に沿った南東から北西方向の南溝と、それにやや直交する北東から南西方向の北溝の遺構が確認されています。双方の大溝は纏向石塚古墳と八塚古墳の間で合流しており、幅約五メートル、深さ約一・二メートル、両岸には護岸用のヒノキ材の矢板が並べられていて、砂泥沈殿用の集水桝や堰なども発見され、高度な水利灌漑技術があったことが知られています（橿原考古学研究所附属博物館 二〇〇三、坂・青柳 二〇一一、坂 二〇二〇）。

水田稲作に不可欠な技術が、水田造成と水利灌漑の技術であり、「稲の王」の権力表象としての前方後円墳の造営に不可欠な技術もそのような高度な土木技術だったと考えられます。三輪山山麓の扇状地に造営されている箸墓《はしはか》古墳などの巨大な前方後円墳の環濠というのは、その造営の最初期の段階では水田稲作のための水利灌漑施設の一つである溜池としての役割も担っていた可能性が想定できます。そして、その「稲の王」たちが祭った神社が大神神社であり、それはα磐座祭祀と、A水源祭祀がセットになっているかたちです。そのような纏向の水の豊かさの伝承世界がその後も語り伝えられていたことは、『万葉集』に収める次の歌からもわかります。

巻向の　痛足《あなし》の川ゆ　往く水の　絶ゆることなく　また帰へり見む（巻七—一一〇〇番）

神社の立地と磐座と水源　同じく、α磐座祭祀とA水源祭祀とがセットになっている神社の例としては、平安京の近くでは日吉《ひえ》山王《さんのう》権現の大宮（東本宮）と二宮（西本宮）とその後背の八王子山の山頂付近の金大巌《こがねのおおいわ》が神聖視されている例、賀茂川上流の貴船《きぶね》神社とその奥宮と鏡岩、桂川流域の松尾大社の後背の松尾山の山頂付近の大磐座も同じです。

また畿内からは遠く豊前国の宇佐八幡宮とその奥宮の御許山《おもとさん》の三個の巨岩が神聖視されている例など、日本各地にそうした例は多くあります。松尾大社の後背の松尾山の大磐座から地下水脈として流れ出ている霊亀の滝や霊泉の亀の井は、元正天皇即位の七一五年の元号ともされた伝承をもつもので

図1　東本宮摂社樹下宮の神座の下の霊泉

図2　貴船神社　貴船山中の鏡岩

す。

神社の鎮座地と水源祭祀、霊泉信仰という両者の関係は注目すべきものです。安芸国の延喜式内社である速谷《はやたに》神社でも神社の後背の山谷に磐座の巨岩と「つゆ太郎」と呼ばれる水源とがあり、そこからの流水が神社境内の地下を流れて神池を経て下方の水田地帯へと流れている例が注目されます。古代の創建の神社の多くが磐座と水源と密接にかかわっていることを指摘できるでしょう。

図３　速谷神社の後背地の巨岩の磐座と湧水「つゆ太郎」

（2） 水源祭祀と祈雨儀礼

また、律令制下の神社祭祀でもっとも重要であったのは、二月の祈年祭《としごいのまつり》（新たな年穀の豊穣祈願）、六月と十二月の十一日の二度の月次祭《つきなみのまつり》（季節のめぐりと豊穣祈願）、十一月の新嘗祭《にいなめのまつり》（収穫感謝と天皇の霊威力更新儀礼）でした。そして、その神祇祭祀の制度を整備していく過程で天武四年（六七五）から制度化されていたのが、広瀬大忌祭と龍田風神祭でした。それは神祇令では孟夏四月と孟秋七月の祭と規定され、山谷から流れ出る水が水田を潤し五穀を稔らせること、そして風水害のないことを祈念する祭りでした。

前者の祈年祭、月次祭、新嘗祭は年穀豊穣を祈願するものであるのに対して、後者の大忌祭と風神祭は水の恵みと害虫除けや鳥害除け、台風などの風災害除けを祈願するものでしたが、それとは別にとくに水の恵みについて律令制下で整備されたのが、臨時祭の祈雨神祭でした。

臨時祭の祈雨神祭　『延喜式』臨時祭祈雨神祭条では、「丹生《にう》川上《かわかみ》社、貴布禰《きぶね》社に各黒毛馬一疋を加え、自余の社には庸布一段を加えよ。其れ霖雨止まざるときの祭料また同じ。但し馬は白毛を用いよ」と規定されて、通常は黒毛馬、特別な場合には白馬を奉納することとされていました。記録の上で早い例としては、『続日本紀』文武二年（六九八）四月戊午（二十九日）条「馬を芳野水分峰神に奉る。雨を祈るなり」、つまり吉野の水分の神、分水嶺の神に祈雨のために馬を捧げたという記事があります。宝亀六年（七七五）九月辛亥（二十日）条には「使を遣わして白馬及び幣を丹生川上、畿内群神に奉らしむ。霖雨なり」とあり、丹生川上神社に祈止雨のため、つまり長雨が止む祈りのために白馬を奉納したといいます。それらの記事には「旱也」と「霖雨也」との両方があり、日照りでも長雨でもいずれも丹生川上神にその被害回復を祈り、馬の奉納が行なわれていたことがわかります。

それが平安遷都の後には、『日本紀略』弘仁十年（八一九）六月乙卯（九日）条に「白馬を丹生川上雨師神幷《ならび》に貴布禰神に奉る。霖雨を止めんがためなり」とあるように、旧来の吉野川上流の丹生川上神社とともにそれに加えて賀茂川上流の貴布禰社が神馬を奉納する神社とされていき、それが先の『延喜式』の記事へとなっているのです。そして、このような律令制下で行なわれていた祈雨の儀礼は、中世の宝徳二年（一四五〇）まで断続的に行なわれていたことが追跡されています（山口 二〇二〇）。

白馬節会　民俗学の視点から柳田國男はこの馬を奉納する祈雨の儀礼と宮中の正月七日の白馬節会《あおうまのせちえ》、つまり天皇が豊楽院《ぶらくいん》（紫宸殿《ししんでん》）に出御して白馬を庭上に牽《ひ》き出す儀式との関係について次のようにのべています。「朝鮮扶余県の白馬には釣龍臺と云う大岩あり。唐の蘇定方百済に攻め入りし時、この河を渡らんとして風雨にあひ、仍《より》て白馬を餌として龍を一匹釣り上げたりと云ふ話を伝えたり（『東国輿地勝覧』一八）。白き馬は神の最も好む物なりしこと、旧日本に於ても多くの例あり」「葦毛は一名を青鷺毛とも謂ひて、稍《やや》青味のかかりたる白馬なり」「朝廷新年の儀式に有名なる白馬節会には、後世は葦毛の馬を曳くようになりたるが、日本語にては、白馬節会を「アヲウマ」の節会と訓ませたり」「白馬を神聖なる物とするは、本来支那の思想ながら、我邦にても頗《すこぶ》る古き時代よりの風なり。或は白馬を馬の性の本なりと謂《い》ひ、地に白馬あれば、天に白龍あるが如しとも言ふ説あり。天子に限りて之を用いらるると云ふも恐らくはその為ならん」とその沿革についてのべていました（柳田 一九一四、新谷 二〇二二）。

柳田國男や折口信夫の提唱した民俗学は、基本的に民俗という伝承文化を対象とするため、当然古代から中世近世への歴史記録とその語る歴史世界への情報収集もしっかりとその射程においていたのでした。

図４　丹生川上神社中社の夢淵　木津川・日裏川・三尾川が合流する.

丹生川上神社　現在、水源と水分《みくまり》の神社祭祀の典型例である吉野川上流の丹生川上神社については、上社が川上村迫《さこ》に、中社が東吉野村小《おむら》に、下社が下市町長谷《ながたに》にそれぞれ祀られていますが、それは中世から近世への神社祭祀の転変の中で不明となっていた例も多い式内社について、明治政府があらためてその比定を試みたものです。明治四年（一八七一）に下社、明治二十九年（一八九六）に上社、大正十一年（一九二二）に中社がそれぞれ丹生川上神社として比定されたのですが、その中でも『類聚三代格《るいじゅさんだいきゃく》』に収める寛平七年（八九五）六月二十三日の太政官符に、当社奉納神馬放牧の禁猟地四至について、「応《まさ》に大和国丹生川上雨師《あまし》神社界地を禁制すべし事」として、「東、塩匂《しおにおい》を限る。西、板波滝を限る。南、大山峯を限る。北、猪鼻滝を限る」とあることからすれば、やはり現在の中社が注目されます。中社は現在も木津川・日裏川・三尾川《みおがわ》（四郷川）が交流する夢淵と呼ばれる水源祭祀の環境をよくあらわす立地にあり、古代の丹生川上神社に比定する上ではもっとも適合性があります。

ちなみに上社は大滝ダム建設にともなう旧社地水没により一九九八年（平成十）に現在地に移転されており、下社では近年水害が多いことから、二〇一二年に約六百年ぶりに神馬献上祭が執行され、現在境内で神馬が飼育されています。

貴船神社　一方、現在貴船神社は旧暦二月（新暦三月）九日を雨乞祭の日としており、二〇〇三年には第三回世界水フォーラムが京都で開催され、そのとき奥宮では白馬と黒馬の牽廻の儀が再現されました。神社の祭祀は時代ごとの政治経済社会の情勢の変化により常に変遷の中にあるのですが、丹生川上神社と貴船神社は水源に立地する古代以来の水源祭祀の神社の典型例であり、雨乞いの神社であるというその位置づけの基本は断続的にいまも継承されています。

2　清水と生命力

(1)　神社寺院と清水

出雲大社の真名井の清水　水田稲作と水源祭祀という関係とは少し異なるのですが、自然の清水や湧水を信仰の対象とする例も多くあります。古代創建の神社の典型例である出雲大社の場合、後背の八雲山の両脇から西側に素鵞川《そががわ》、東側に吉野川という小川が流出していますが、境内地の発掘調査によると弥生時代から古墳時代にかけてその流水を利用する祭祀が行なわれていた可能性があるといわれています（松本　二〇〇六）。

ただそれとは別に注目されるのが、出雲大社の東方約二〇〇メートルに位置する摂社命主社《いのちぬししゃ》とその背後の大岩の真名井《まない》遺跡と真名井の清水です。その大岩は磐座祭祀の形態を伝えるものと考えられる

図５　青銅器と勾玉が出土した磐座

図６　真名井の清水

ものですが、その下から近世前期の寛文年間の大社造営の際に四点の武器型青銅器と一点の翡翠勾玉が出土しました。社家の佐《さ》草自清《くさよりきよ》の「御造営日記」や「命主社神器出現之記」には、寛文五年（一六六五）から翌年にかけて大岩の下から出土したと記されており、現在ではそのうち銅戈一点と翡翠勾玉一点とが伝存して国宝に指定されています。この出土遺物こそ出雲大社の創祀が弥生時代にさかのぼることを示すものです。そして、その近くに湧出しているのが真名井の清水です。現在では近所の人たちが野菜を洗うなど生活用水としても使われていますが、毎年十一月二十三日の出雲大社の古伝新嘗祭に際してこの真名井の清水から取り出される小石を出雲大社宮司が歯固めの儀で噛むという儀礼が伝えられています。

厳島神社の「鏡の池」　また、同じく由緒の古い安芸国の厳島神社の例でも、いまは神事でとくに使われてはいないのですが、注目される湧水があります。もともと厳島の海岸の陸上に六基の小型の神社がまつられていたのを、平清盛によって仁安二年（一一六七）に平安京の貴族の邸宅を模した寝殿造の大型社殿が造営され、その大型本殿の内部にその六基が奉安されるかたちとなり、神社の本殿としては異常に大きな本殿となっているのです（三浦 二〇〇六、新谷 二〇二一b）。満潮と干潮の繰り返しの中に海水面上に建つ寝殿造様式の回廊や社殿の美しい姿を見せながら、海水が満ちてくるその広大な社殿地の中に三ヵ所の「鏡の池」と呼ばれる清水の湧く池があるのです。

　このような出雲大社や厳島神社の清水の湧出の例とも共通する古代からの清水の信仰は、同じ古代の寺院の行事にも伝えられています。神祇祭祀と仏教信仰とを別々のものとして峻別する考え方は近代の神仏分離政策による限られたものにすぎません。神仏信仰の歴史的事実としては平家納経を伝えている厳島神社（新谷　二〇二一b）のように神仏混淆という状態が基本でした。むしろ中世の神祇信仰は仏教の理論と信仰が解説する「仏教神道」と呼ぶべきものであり、近世の吉田流の唯一神道も仏教に陰陽道の要素を加えたものでした（新谷　二〇一九）。そして、立地の上では京都の東山の清水寺も男山の石清水八幡宮も共に清水の信仰にかかわるものという点では共通しているといってよいでしょう。

図７　厳島神社の「鏡の池」

東大寺の「お水取り」　古代寺院の典型例である奈良東大寺のお水取り、大阪四天王寺の亀井の水についても同じく清水の信仰の観点からとらえることができます。

　東大寺二月堂の本尊は十一面観世音菩薩で、旧暦二月一日から十四日まで練行衆が行なう悔過会《けかえ》が「お水取り」と呼ばれる行事です。十三日深夜午前一時過ぎ、二月堂の南側の石段を下りたところにある閼伽井屋《あかいや》の若狭井から閼伽水と呼ばれる香水《こうずい》を汲み二月堂の内陣の本尊に供えます。そして須弥《しゅみ》壇《だん》の下の香水壺にも蓄えられます。その香水は練行衆にはもとより一般の参拝者にも分け与えられ、人びとは柄杓《ひしゃく》から掌に受けて口をうるおしたり、額にぬったりして、その功徳を受け、厄を祓い健康長寿を祈願します。この香水の湧く井戸を若狭井と呼ぶことについては、若狭国の遠敷明神《おにゅうみょうじん》が神水を地中の水路を通して送ってきているからだという伝説もありますが、その信仰の背景には清水が若返りと新たな年齢力、生命力の強化をもたらす清水という意味、つまり民俗行事の中に伝えられている正月の若水に通じる意味があると考えられます。

折口信夫の若水論　ただ、折口信夫は一歩ふみこんで、若水については、以下の①や②の意味があるとのべています。①万葉集の「月読の持たる変若水」という語と沖縄の宮古方言の「しぢゅん」、そして日本式の「しでる」「すでる」という語との関連が注目され、いずれも若返るという意味がある、「しぢゅん」には孵《かえ》るという意味と沐浴による清めという意味がある。②「しぢゅん」はいったん死んでから「しぢ水」の威力によって生き返る、それは母胎からの誕生ではなく、蛇や鳥のような卵生であり、殻皮の中の死んだような静止の中から新たに生命とその威力が生まれてくるのであり、その忌籠りの仮死の状態の屍の中に外来威力が入ると、「すでる」という誕生の様式をとって異様な霊力を享けている新たな生命、王が誕生するのであるといっています（折口　一九二七）。これは、聖なる水と神祇祭祀の背景を考える上では参考になる見解といえるでしょう。

四天王寺の亀の井　また、大阪の上町台地に建立されている四天王寺の亀井の水というのは、六時礼《ろくじらい》讃堂《さんどう》の前の大寺池とは別に、そこから低くなった場所にある亀井堂の清水です。断層の崖状の部分から清水が湧き出ていて亀を象《かたど》った水盤に水が溜まるようになっており、そこへ経木流しの供養が古くから行なわれています（中沢　二〇一二、南　二〇一五）。

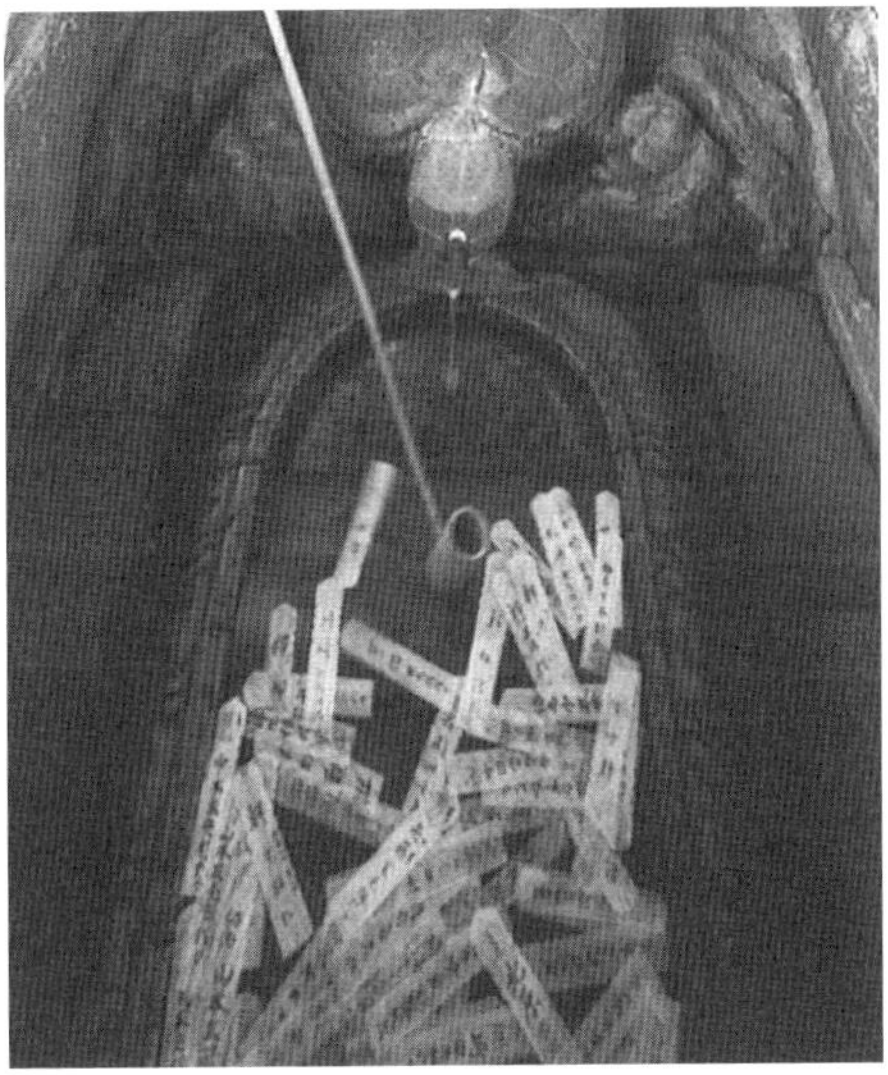

図８　四天王寺　亀井水の経木流し

(2) 清流と禊祓

上賀茂・下鴨神社の立地　神社祭祀の基本は、祝詞の「祓詞」にあるように禊ぎ祓えにあります。その禊ぎ祓えのための清流は神社祭祀と不可分であり、すべての神事祭礼に清水と禊ぎ祓えは不可欠となっています。それを神社の立地の上でよく示しているのが、大きな川の近くや河原に立地している例です。

賀茂川流域の上賀茂神社や下鴨神社などの例がそれです。古く旧暦四月であった賀茂祭は現在では新暦五月に行なわれていますが、天皇の皇女が斎王として参拝する役は現在では斎王代がつとめており、その斎王代の御禊の儀は上社と下社の一年交代で行なわれています。上賀茂神社では御手洗《みたらし》川で、下鴨神社では御手洗池でそれぞれ行なわれています。また下鴨神社では七月土用の丑の日に御手洗池の湧水で「足つけ神事」があり、老若男女が水に足をつけて無病息災を祈願しています。

熊野三山の立地　また、紀州の熊野三山は、熊野川中流の中洲の大斎原《おおゆのはら》と呼ばれる河原に熊野本宮大社、下流の河口近くにゴトビキ岩の磐座祭祀をともなう熊野新宮速玉《はやたま》大社、熊野灘からも遠望できる

図９　熊野本宮旧社地と大斎原

那智《なち》の滝という大瀑布をともなう熊野那智大社、という三社それぞれが大河原、巨岩、大瀑布という自然の威力が感受される立地上に造営されています。熊野本宮は古くから大斎原の河原に鎮座していたのが、明治二十二年（一八八九）の大洪水で被災流失してしまったため、明治二十四年に西方の台地に新たに造営されて今日に至っています。したがって現在でも本宮の四月の例大祭では十五日にその旧社地への神輿の渡御が行なわれています。

　熊野本宮のように河原に神社が立地する例がその他にも多いということについて、それに関連して注目されるのは、伊勢神宮や出雲大社など古い由緒を伝える神社には玉砂利が敷き詰められているということです。伊勢神宮の二〇年ごとの遷宮《せんぐう》では宮川から採取される白石が内宮と外宮の神域に敷き詰められる「お白石持《しらいしもち》行事」が伝えられています。民俗行事としても、たとえば熊野海岸一帯では毎年正月に海浜の白石を拾い氏神の境内に敷き子授けや安産の石として一つもらってきて無事安産したらまた新しい石を納めるという例が多く伝えられています。それらは生命と霊魂、生と死、をめぐる民俗の心象の歴史の中に海浜や河原という水の世界を魂のふるさとと連想する心意の伝承があることを考えさせるものです（新谷 一九八六）。

つまり、神社の神域と玉砂利というのは清流が禊ぎ祓えを繰り返す清らかな河原であるという心意を伝えているものといってよいでしょう。

（３）神饌神酒の調整

久礼八幡宮の御神穀祭　神社にとっての清水は、禊ぎ祓えだけでなく祭祀の神饌《しんせん》の調整に使われている例も多くあります。たとえば、南北朝期からの存在が考えられる高知県中土佐町久礼《くれ》の久礼八幡宮の秋の例大祭の御神穀祭で奉納される米飯と一夜酒の例です（中土佐町教育委員会編 二〇一三）。

もっとも重要な神事が本殿前の木階《きざはし》の手前で宮司が見守るなか、深夜の御神穀が運ばれる道中を照らしてきた大松明の燃えさかるもとで、佾（イチ）と呼ばれる少女が、静かに御神穀として供えられた米飯に麴と清水を加えてていねいにもみ混ぜながら一夜酒と呼ばれるお神酒を醸す行事です。佾は神楽を奉納する巫女の役の少女ですが、その手で仕込まれた一夜酒が直ちに宮司の手で本殿内の神前に供えられます。一夜を過ごす中で発酵がすすみ祭礼が終わるころには美味なお神酒となり、神前から下げられて御神穀を奉納した頭屋《とうや》など一部の関係者に直会《なおらい》でふるまわれます。その一夜酒を醸す清水はきれいな川として知られる大坂谷川の下流の神社に近い元川から汲まれますが、それは明治期の神仏分離からあとのことで、それ以前は神社の裏手にあった別当寺の東林寺の井戸から汲んできていた清水でした。

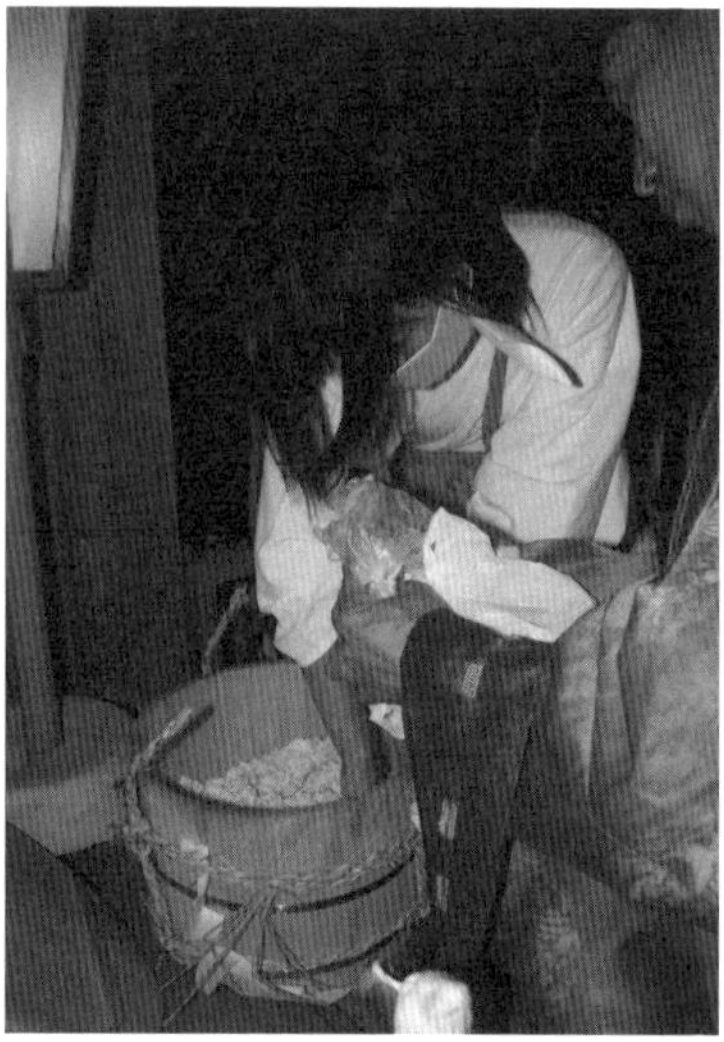

図10　佾による一夜酒醸し

海浜の漁業の町の久礼に立地している八幡宮ですが、その裏手に清水の湧くその井戸があったことは天保七年（一八三六）の『八幡宮指出』にも記されており、これは神社の立地と清水の湧水とが結びつきお神酒の醸造にも結びついていた事例の一つといえるでしょう。

水窪町山住神社の山の水とハマミズ　また、静岡県の天竜川上流の水窪《みさくぼ》町の山間地に祭られている山住神社の十一月の例大祭における、山の水とハマミズ（浜水）を混ぜて湯立の祓えに使われる事例も注目されます（岩瀬 二〇一九）。

ハマミズは遠州灘で汲んでくる潮水で、それと神社の山の清水とを混ぜて釜で湯に沸かして十五日に湯立てが行なわれます。熊笹でご神体はじめ境内各所また宮司、ネギ、参列者たちを清めるヤバライ（屋祓い）が行なわれ、ご神体のヤバライをする時には、「なーなかまいや　八浜の潮水汲み上げて　山住神社の初湯をもちて　山住神社の○○○（祓う場所）をきよもとや　おーらが下《しも》じゃ　なーなかきよし」という「清めの言葉」が唱えられます。十七日の例大祭と十八日の新穀感謝祭でも、手桶に入れた湯立ての湯で祓え清めが行なわれます。この湯立ての釜の湯は飲むと身体によく病気にも効くとか家の周りに撒いて厄払いにするといって、瓶に詰めて帰る人も多くいます。山の水と海の水が一緒になっているとても力がある水だといわれています。

一方、ゴジンゴ（御神供）といって、炊いた米飯を藁苞《わらづと》に入れて例大祭の十七日にも、またそのほか毎月一日と十七日にも、神社境内の三ヵ所にオイヌサマ、オカラスサマ、オイナリサマへといってその順番に供えています。神社の近くにそのゴジンゴを炊くための炊き場と、トの井戸と呼ばれる井戸があり、その山の清水を使ってゴジンゴの米飯を炊きます。ゴジンゴの供物が山犬やカラスなどに早く食べられてなくなれば安心だが、いつまでも残っているとオイヌサマのご機嫌が悪いとか、受け取ってもらえないなどといって気にかけます。しかし、だからといって供え直すなどのことはしません。このような事例は、山奥の神社の近くの清水とはるか遠く遠州灘から汲んでくる海の潮水を混ぜて使うことによってとくに祓え清めの威力があると考えられている事例です。

3　伝承と変遷

(1)　荘園鎮守社

神社の創建の例には古代以来のものもあり中世以降のものもあります。神社の歴史にも必然的に「伝承と変遷」という側面があり、古代後半から中世にかけて新たに創建された神社としては開発された荘園の鎮守社として造営されたという事情からその立地は必ずしも水源祭祀と結びついてはいません。すでに荘園の成立に際して一定の水利灌漑設備が完成していたからと考えられます。荘園鎮守社とはその荘園の経営の安定のための機能をもつ装置として設営されたものだったからです。

隅田荘と隅田八幡宮　たとえば、紀伊国隅《す》田荘《だのしょう》は寛和二年（九八六）藤原兼家《ふじわらのかねいえ》が外孫一条天皇の御願による三昧堂を京都の石清水八幡宮に建立してその御料所として寄進したところから始まります。延久の荘園整理令（一〇六九年）でもその存続と二十九町の免田が認められて荘園としての基礎が固められました。その隅田荘と隅田党武士については歴史学の分野で膨大な研究蓄積がありますが、民俗学からもその荘園鎮守社の隅田八幡宮の祭礼の変遷史や隅田党武士の子孫たちの動向について論及したものがあります（新谷　二〇一七a）。

隅田八幡宮の立地は隅田荘の中心部であり、政治的な権威の表象物としての意味がうかがえるもので、水源祭祀の例とはいえません。水利灌漑の上からみれば、隅田八幡宮の後背地に溜め池の岩倉池がありますが、それは十六世紀末に高野山の勢力と豊臣秀吉との間でその調停に奔走した真言僧木食《もくじき》応基《おうご》が、庄中の地下人たちに向けて記した「興山上人応基書状案」（「隅田家文書」一七）に、その池の造成の意義を説き、今後も維持管理を怠らず活用するようにと勧めているように、隅田荘が旧来の高野山領から織田信長の進出と暗殺そして豊臣秀吉の支配下に入っていくという時期に、木食応基が隅田荘の農村経営の安定のために尽力したときのものでした。

それまで隅田八幡宮の歴史には大きく次のような三段階がありました。第一段階が十二世紀初頭に京都の石清水八幡宮からその荘園支配のために別宮として勧請されて、在地豪族の藤原氏を名乗る隅田氏が俗別当職に任じられて神社の祭祀と荘園の経営を行なった段階です。第二段階が鎌倉時代から南北朝期、室町期にかけて武士として成長した隅田一族が連帯して隅田党として活動しながらその隅田党武士の氏神となっていった段階です。第三段階がこの岩倉池が造成されていった近世社会で地下人の成長と台頭が顕著となり隅田組地士とともにその地下人たち庄中十六ヵ村の農村の氏神となっていった段階です。

図11　隅田荘域の遠景（1995年）

そうした変遷の中で隅田八幡宮の祭礼も大きく変化してきていましたが、近世まで祭礼の中心は石清水八幡宮と同じ旧暦八月十五日の放生会《ほうじょうえ》でした。それが明治の神仏分離令の影響で明治四十年（一九〇七）からは新暦十月の秋祭りへと変更され、現在では十月の土日の日取りになり、近世の明和年間（一七六四―七二）から新たに加わった庄中十六ヵ村、現在では十三ヵ村から交替で出る「だんじり屋台」が練り、八幡宮の祭礼を賑わしています。しかし、そうした中でも、紀ノ川に近い御旅所《おたびしょ》への渡御《とぎょ》は現在でも行なわれており、紀ノ川の水流の恵みへの祈願と禊ぎ祓えという心意はいまも伝えられています。

苗村荘と苗村神社　荘園鎮守社の例でもう一つ紹介しておくなら、近江国の苗村荘《なむらのしょう》の苗村神社、現在の竜王町の神社です。先の隅田八幡宮は近郷の庄中十六ヵ村、現在では十三ヵ村の氏子が参加するかたちですが、この苗村神社も九村三十三余郷《くむらさんじゅうさんよごう》といわれるような広い氏子圏をもつ神社です。

その広い氏子圏ではそれぞれの村でも氏神の神社を祭っており、いわゆる二重の氏子という関係になっていますが、そうした例は近畿地方の荘園村落ではよくみられるものです。苗村神社の歴史は棟札の記録などから平安後期の造営という可能性が大です。そして、その立地についてみると、やはり苗村荘の田園地帯の中心部に立地しており荘園鎮守社としての政治的な表象物としての意味がうかがえ、水源祭祀の例ではありません。ただし、その祭礼の中では水利灌漑の重要性を示す儀礼が伝えられています。その九村三十三余郷の参加する例祭は毎年四月ですが、とくに三十三年ごとに行なわれる三十三年式年大祭は秋十月で非常に大規模なものです。注目されるのは、それらの苗村神社の祭礼では農業用水の取水路の起点にある日野川の河川敷の御旅所へ盛大な渡御が行なわれるということです。その行列で唱えられているのは、「うんしょう、いどかけ、おおぼしょう、それもよかろう」という掛け声です。その意味は「雲より生ずる恵みの雨をたのみとし、いたる所の荒れ地や田の頭に溜め井戸をつくり、水を汲み上げて大きな稲穂が育つよう、惣（村）が神に詣でて露でも天から与えてほしい」という意味だといっています（滋賀県立大学人間文化学部苗村神社三十三年式年大祭調査団編 二〇一五、新谷 二〇一七b）。

つまり、近畿地方によくみられる荘園鎮守社の場合には、古代の水田開発の初期段階にみられた水源祭祀というのではなく、すでに水田開発が進められていた中世の段階での、安定的な領域支配のためという政治的な目的とそれを表象する神社の立地であるということが指摘できます。ただ、この苗村神社の事例のように、平野部で水利の恵みとともに洪水による水害が繰り返される凸村荘のような場合には、とくに日野川の河川敷での御旅所の祭祀が継続的に重視されてきているということが指摘できます。

(2) 戦国武将と氏神祭祀

その他、各地の郷村の氏神の類の神社の例では、戦国武将が氏神として造営また再建していき、それが近世社会で農村の氏神として農民層を氏子として祭られ継承されてきている神社の例も多くあります。

具体的な例としては、安芸国北部の北広島町の旧千代田町域と旧大朝町域の氏神の神社を個別調査したことがあります。旧千代田町域で近世村が二十一ヵ村、氏神が二十六社、旧大朝町域で近世村が十ヵ村、氏神が九社、で総計三十五社の氏神についての調査で指摘できるのは、いずれも古代に創始された神社のような、α磐座祭祀やA水源祭祀ではないということです（新谷 二〇一七c）。

唯一の例外が旧大朝町磐門の氏子十六戸の天磐門別《あまのいわとわけ》神社一社で、その天磐門別神社では後背の巨岩を本殿のご神体としていますが、それも直接的な水源祭祀の事例ではありません。近くの山裾から流れ出ている小川を水田に引いて用水としているかたちです。

そのほか、この地域の神社でほぼすべてに共通しているのは、山端から農村地帯を見下ろす舌状台地の先端部への氏神の神社の立地です。鎌倉幕府の御家人で早く承久の乱（一二二一年）の勲功により安芸国大朝本荘の地頭職を与えられていたものの現地には入部せず、それが幕府滅亡の非常時になって一族の生き残りをかけて本貫地の駿河国から安芸国に入部したのが吉川氏でした。それは正和二年（一三一三）のことで、新た入部した吉川氏がその領地の支配を確実にしていく中で創建したのが旧大朝町域の新庄の駿河八幡宮、現在の龍山八幡神社でした。

それに対して、この地域で古代の旧国造制以来の出自を伝える山県氏、そしてその分流として中世に有田氏や今田氏を名乗って勢力を競いながらそれぞれその氏神として地元に祭っていたのが旧千代田町域の有田八幡神社や今田八幡神社です。それらもすべて同じように山端から農村地帯を見下ろす舌状台地の先端部に立地しています。いずれも農村地帯から見上げる山の端で、神社からは農村への見晴らしを共有できる立地です。灌漑用の水路はその左右の山谷や山裾から流れ出る小川から引かれており、水源祭祀というのではありません。それらの氏神の立地の特徴は農村の住民たちからは山の端を見上げるかたちで五穀豊穣、村内安全という祈願の対象としての立地となっている点です。

（3）微小な水源祭祀――若狭の二ソの杜――

古代以来、水田稲作の安定的な継続とその基本としての水資源への祈願と感謝の装置であるという神社の立地の基本は、水田稲作が定着した前十世紀半ばから現在の二十一世紀前半期までの非常に長い歴史の中で「変遷と伝承」の中にあり、水源祭祀という基本をその後の歴史の中ですべての神社の

図12　大坪の小杜の外観

立地が継承しているわけではありません。政治と経済と社会の現実的な変化の中でその立地はいま紹介してきたように多様な展開を示しています。では、水源祭祀という基本もすべて変遷してしまっているのかといえば決してそうではありません。

そのことを示しているのが素朴な小さな神々の民俗伝承であり、たとえば若狭大島のニソの杜のような事例です。

若狭のニソの杜というのは民俗学では古くから注目されていたものですが、二〇一八―一九年の調査によってその約三十ヵ所の全貌が明らかとなりました（おおい町立郷土史料館編　二〇一九）。先祖を祀る杜と考えられていたのが実はそうではなく、水資源の不足しがちな島嶼部、半島部での水田への農業用水と生活用水の確保のための水資源への信仰の装置だったことが明らかとなったのです（関沢　二〇二〇、新谷　二〇二一a）。

おわりに

日本各地の神社と水についてのさまざまな事例を紹介してきたこの小論の結論として指摘できるのは、神社の歴史には水という資源と不可分の関係がさまざまな展開例として伝承されているという事実です。そして、それらは神社の展開史の中のそれぞれの段階差を示しているということです。

古代以来の遺跡や記録を残している三輪山の大神神社という大きな存在とともに、考古学の遺物資料や文献史学の記録からはその存在を発信することのない若狭のニソの杜のような小さな民俗の伝承事例の中にも、一つの確かな歴史情報が発信されているという事実です。日本の神社祭祀の世界では、水と神社には切っても切れない関係があり、その多様な実態が有名無名を含めて数多くの神社祭祀の具体的な伝承事例に目配りすることによって明らかになってくるということなのです。

参考文献

伊谷純一郎「老い―生物と人間」『老いの人類史　老いの発見』岩波書店、一九八六年
岩瀬春奈「水窪町山住神社の祭礼について」『伝承文化研究』一六、二〇一九年
おおい町立郷土史料館編『ニソの杜と先祖祭り』二〇一九年
折口信夫「若水の話」一九二七年草稿『折口信夫全集』新訂版第二巻、一九六五年

橿原考古学研究所附属博物館展示図録『カミによる水のまつり』二〇〇三年
滋賀県立大学人間文化学部苗村神社三十三年式年大祭調査団編『苗村神社三十三年式年大祭調査報告書』竜王町教育委員会、二〇一五年
新谷尚紀『死と人生の民俗学』曜々社、一九九五年
新谷尚紀「境界の石」『生と死の民俗史』木耳社、一九八六年
新谷尚紀「荘園鎮守社の創建と変遷」『氏神さまと鎮守さま』講談社選書メチエ、二〇一七年a
新谷尚紀「郷村の氏神祭祀」『氏神さまと鎮守さま』講談社選書メチエ、二〇一七年b
新谷尚紀「戦国武将の神社尊崇と社殿造営」『氏神さまと鎮守さま』講談社選書メチエ、二〇一七年c
新谷尚紀『神道入門』ちくま新書、二〇一九年
新谷尚紀『神社の起源と歴史』吉川弘文館、二〇二一年a
新谷尚紀『神社とは何か』講談社現代新書、二〇二一年b
新谷尚紀『柳田國男と遠野物語』吉川弘文館、二〇二二年
関沢まゆみ「若狭のニソの杜の祭地と水源」『國學院雑誌』一二一―八、二〇二〇年
高野陽子「古墳時代前期の導水祭祀」『古墳出現期土器研究』二、二〇一四年
辰巳和弘「古代地域王権と水の祭儀」『歴史と伝承』永田文昌堂、一九八八年
中沢新一『大阪アースダイバー』講談社、二〇一二年
中土佐町教育委員会編『久礼八幡宮御神穀祭調査報告書』二〇二三年
坂　靖『ヤマト王権の古代学―「おおやまと」の王から倭国の王へ―』新泉社、二〇二〇年
坂　靖・青柳泰介『葛城の王都・南郷遺跡群』新泉社、二〇一一年
穂積裕昌「古墳時代の湧水点祭祀について」『考古学と信仰』一九九四年（のち『古墳時代の喪葬と祭祀』雄山

閣、二〇一二年に収録）
松本岩雄「聖なる場所の記憶」『日本の神々と祭り―神社とは何か？』国立歴史民俗博物館、二〇〇六年
三浦正幸「厳島神社の本殿」『日本の神々と祭り―神社とは何か？』国立歴史民俗博物館、二〇〇六年
水原洋城『猿学漫才』光文社、一九八八年
南　邦夫「光の亀―四天王寺亀井水」『怪』〇〇四五、KADOKAWA、二〇一五年
柳田國男『山島民譚集一』甲寅叢書刊行会、一九一四年（『定本柳田國男集』（新装版）二七、筑摩書房一九七〇年）
山口えり『古代国家の祈雨儀礼と災害認識』塙書房、二〇二〇年

第３章　葬墓と水

関沢まゆみ

はじめに――土葬の墓――

二〇二四年（令和六）の現在ではほとんどが火葬の時代になっています。しかし、一九六〇年代、七〇年代の高度経済成長期から以降に急激に火葬になっているのであり、それより以前は日本各地の農山漁村では土葬が中心でした（井之口 一九七九、国立歴史民俗博物館 一九九九・二〇〇〇・二〇〇二）。ここでは、日本の歴史の中に古くから伝えられていた土葬の墓について、その立地と形状にも大きな地域差があったこと、そしてそれが何を意味していたのか、ということについて追跡してみることにします。

1　土葬の墓の形態

　これまで墓制についての論究は民俗学が比較的早く、考古学の成果と文献史料の参照によって古代から中世の土葬と火葬を含めた墓の歴史を解説したのが一九八六年（昭和六十一）の「墓の歴史」でした（新谷 一九八六）。遺骸の埋葬地点には竹や木、藁縄などを使った墓上装置が置かれます。同書では、その形態について、菰《こも》覆い、屋根がけ、ハジキ竹、サギッチョ、イガキ、家型という六類型に分類し、それらの機能については、太陽光や雨水を避けるヤネ系統と、外部内部遮断のカキ系統という二類型に分類しています。そして、ヤネ系統には死穢《しえ》の拡散と感染への忌避、カキ系統には獣物や魔物の侵入防御と遺体からの遊離魂の封じ込め、という意味が見出せるとして、その両類型を含めた多様な墓上装置の背景について基本的に、生死の境界領域における一定期間の忌籠《いみごも》りの意味があるとして、いずれも死者に対する継続的な供養や祭祀のための装置ではなかったと論じています。

　あらためて整理してみると、そのような土葬の墓の築き方も一通りではなく、棺桶の形にあわせて土を盛り突き固めるものと、埋葬地点にふわっと土を

図１　埋葬後の墓．土を固めないのが特徴である．奈良市大柳生．1996 年．

図２　埋葬後の墓．土饅頭の周囲に花をさしているのは，昔，割竹をめぐらせていた名残と思われる．栃木県芳賀郡市貝町田野辺．2003年．

図３　兵庫県津名郡北淡町墓浦．埋葬後，盛土をし，その中央に目印の自然石を置く．周囲を割竹で囲む．さらに屋根を被せており，墓上装置が重層的になっているのが特徴である（1972年　新谷尚紀撮影．国立歴史民俗博物館 2012）

かけるだけで突き固めないものとがみられます。また、息つき竹を一本さす習俗や、埋葬した翌朝早く、墓に行き、死者の名前を呼んで返事がないのを確かめる習俗などからは、死者が死んでまもなくのあいだは息ができないような土中深くは埋めないようにしていた段階がかつてあったことも推定されます。絵巻物の『餓鬼草紙』や『北野天神絵巻』に描かれた墓地の様子を彷彿とさせます。

2　埋葬墓地の立地

埋葬墓地にはその立地と景観からいえば、家の近く、つまり屋敷や畑に設けられていた小規模な墓地が日本各地にみられました。それに対して明治政府による墓地の衛生面からの行政指導により集落の外れなどに設営されるようになった共同墓地の類もあります。一方、旧来の日本各地でみられた屋敷や畑地の墓地とは異なる歴史を有するのが、近畿地方の農村地帯のサンマイとかミハカと呼ばれる集落で共有する中規模墓地や、主に奈良盆地などに展開する複数の大字が共同利用する郷墓と呼ばれる大規模墓地です。

屋敷地や畑地の墓地

まず旧来の屋敷地や畑地の墓地についてですが、これまで四国地方や中国地方、南九州地方、東北地方、関東地方、東海地方など各地の事例が報告されています（上井　一九七九〈一九七六〉、佐藤　一九七

〇、水流　一九七九、新谷　一九七五、加藤　二〇一二ほか）。

たとえば、徳島県三好《みよし》郡井川町野住では、大正時代までは家屋の近くに埋葬していましたが、昭和になって峠に近い山腹に埋葬するようになりました。それでも家の若い後継者が亡くなった場合などには、旧来どおり家屋の近くに埋葬するといわれていました。徳島県内各地には田畑の真ん中に墓があるのがよくみられますが、それは家の主人または長男が若くして死亡した時、本人の遺言や親がその子への愛情から「お前に相続させるぞ」という意味で、最良の田畑の中央に墓所を決めるなどしていたものだといいます（藤丸　一九七九）。

図４　家の入口にある墓地．島根県出雲地方．

また、その徳島県の『木屋平《こやだいら》村史』によると、「江戸時代には死者の埋葬は、家々で好むところへ勝手に埋葬した。村内何処へ行っても畑の中や、家のまわりに散在している墓をみることができる。開墾した土地に対する愛着が畑の中や家の屋敷内に墓を造らせたものと思う」とあります。それが、「明治になって法令によって勝手に今までのように埋葬することができなくなり、共同墓地ができた。この墓地は村内いたる所にあり、部落からあまり遠くない所につくられて」おり、共同墓地の利用には家ごとに区画がなされている部落と、あいている都合のよい場所へ勝手に墓を造ることのできるのとがある、と記されています（三木 一九七二）。

この明治期の法令というのは、藤丸昭「徳島県の葬送・墓制」によれば明治三年（一八七〇）七月に県から村々に出されたもので、「農民共是迄《これまで》自分控之良田を往々墓地ニ致候向も有之《これある》趣《おもむき》、右者《は》已来《このかた》厳密ニ取究　候《そうろう》間《あいだ》村内在来の寺院又は三昧と唱候場処へ葬埋いたし可申《もうすべく》、尤《もっとも》葬祭者大切之事ニ而《て》、祖先を尊崇の義は勿論ニ候得《そうらえ》ば、最寄隣村に三昧抔《など》無之向、耕作障り不相成《あいならざる》ケ処見立、合葬場可願候得ば、見分の上指許可申事　但是迄控田地ニ有之墳墓改葬いたし候義は可為《たるべき》勝手事」とあり、田畑に墓地をつくるのを禁止する、最寄の隣村に三昧などがなく、耕作に支障がないところに葬場を合わせるならば見分の上許可する。田畑にある墳墓を改葬するのは勝手に行なってよい、とされたと説明されています（藤丸 一九七九）。

明治期の共同墓地新設

屋敷地の墓地から共同墓地の新設が行なわれたのは、明治期の行政の政策によるものでした。これについて、新谷尚紀「天竜川流域の墓制―静岡県磐田郡佐久間町―」と同「両墓制の分布についての覚書」がその経緯を追跡し確認しています。佐久間町福沢、出馬、天竜市神沢の墓地では、いずれも家ごとの屋敷近くの畑地などに点々と埋葬し、その上に石塔を建てていたのですが、それは「墓地の六尺四方は年貢が免除になるといって各自勝手に家の近くの畑に埋め小型の石塔があちこちに建っていた」というように、年貢がかけられない免租地、免税地として子孫も守りやすいと教えられたという話が聞かれていました。それが、明治期から大正期にかけて警察署の強い指示のもとに新たに集落から離れた山地に共同墓地が設けられたのだといい、現在のように埋葬は共同墓地へ、明治以前から家の側に墓を設営していた家はその墓も大事にしているということが、墓地移転を行なった体験者から聞かれています（新谷　一九七五・一九九三）。

これらの屋敷や畑地の墓地の事例は、集落ごとの共同墓地が形成される以前のかたちであり、また強い死穢忌避観念がとくにはみられないのが特徴です。そして家や畑を開拓した先祖や若くして亡くなった跡取りを記念し記憶しておくために畑地などに墓を設けて大切にしてきているという伝承が注目されます。

地理的制約

さらに、近畿地方の周縁部に位置する地域からの屋敷地や家の背後の山、畑地に墓地を設けているという報告事例も少なくありません。京都府綾部市於与岐《およぎ》町字大又《おおまた》という弥仙山《みせんさん》の西麓、伊佐津《いさづ》川《がわ》上流の袋谷に位置する集落でも、ミバカと呼ばれる埋め墓は各自で家の裏手にもっていて、多くは畑のふちにあって川原の丸石が置いてあり、畑を耕すときミバカの石に土をかけるのを忌むといいます（京都府教育委員会　一九六五）。

そして、兵庫県篠山市大字一印谷《いちいんだに》という小さな谷に沿って家が点在する集落では、各家の背後の山に埋葬墓地があります。この調査に参加していた勝田至は、この丹波国大山荘域では、十五地区の大部分が村外れの山中にある埋め墓（イケバカ）と集落近くに株ごとに詣り墓（キヨバカ）を有する両墓制であるのに対し、一印谷だけが屋敷墓の形態であることについて、それぞれの村落の歴史的・地理的条件が影響していることを指摘しています（勝田 二〇〇六、大山荘調査団 一九八八）。

こうしてみると、やはり山間部の谷間に形成された耕作地の狭小な集落では、共有の埋葬墓地ではなく、家ごとに屋敷や耕地に埋葬するかたちが多く報告されていることが注意されます。

3　近畿地方の埋葬墓地

埋葬墓地と死穢忌避

歴史的にさかのぼると、八世紀から九世紀の『日本後紀』などには、近畿地方にも家の側に埋葬していたことを示す記事がみられます。たとえば『日本後紀』延暦十六年（七九七）正月二十五日の条には、「山城国愛宕《おたぎ》郡葛野《かどの》郡人　毎有死者　便葬家側　積習為常　今接近京師　凶穢可避　宜告国郡厳加禁断　若有犯違　移貫外国」とあり、山城国の愛宕郡、葛野郡の両郡の人は、死者のあるごとに家の側に埋葬するのが長い習わしになっていました。それに対して、このたびの平安京の造営により京師に接近することとなったので、「凶穢避くべし」と、これにかたく禁断を加えるとあります。この記事から、平安京の造営の頃までは、山城国の愛宕郡、葛野郡の人たちの間では、墓地を特に忌避することはなく、死者の遺骸を家屋敷の近くに埋葬する例が普通だったことがわかります。

十世紀から十一世紀の摂関貴族の時代になると、死の穢れを極端に忌み避けるようになっていきました。摂関貴族は神聖化されていった天皇の側近くに仕えて政治を行なう存在であったためとくに穢れに触れてはならないと考えられたからです。藤原道長たち摂関家累代の墓地である宇治の木幡《こはた》の墓地も誰一人参拝する者もなく荒れ果てていた様子が『栄花物語』などに描かれています。その後、室町時代の『師守記《もろもりき》』貞和五年（一三四九）七月十四日条には「早朝、霊山寺近くの中原家の墳墓に墓参」とあるように、十四世紀の京都の公家たちの間では盆には墓参りが行なわれるようになっていたことが、断片的な記事ではありますがわかります。ただ摂関貴族や中世公家の記事はそのようにわずかにありますが、一般の人びとの遺骸がどのように扱われていたかを示す直接の具体的な記録はありません。しかし、民俗伝承のなかでは、近畿地方には他の地域にみられない強い死穢忌避観念が伝えられてきており、それを示す事例としては、近畿地方の埋葬墓地への墓参習俗について、両墓制の研究のなかで注目されてきました（最上 一九五六、新谷 一九九一、関沢 二〇一五ほか）。その結果、埋葬墓地に参らないのが基本的なかたちであり、具体的にその民俗の分布状況について、「近畿地方の各地に点在しており、それがいわば円環状の特徴的な分布を示している」ことが指摘されています。その円環状の分布とは、大阪府豊能《とよの》郡能勢《のせ》町の一帯から兵庫県篠山市東部へ、淡路島の南半部へ、そして北方は若狭地方、東は三重県の伊賀地方、奈良県東部の山間地帯、南は吉野方面から淡路島へと連なる地帯でした（新谷 一九九一）。

図５　水間のミハカ．向かって左側が男性，右側が女性．高齢の人は上段に埋葬される．1996年．

このような観点のなかで、民俗学では個別事例の研究も蓄積されてきて、埋葬墓地の立地は、通常は集落から遠く離れた山の中や集落から見えない林の中に設けられるものが多く、奈良盆地などの平野部では、山際や平野の一ヵ所に複数の大字が共同で埋葬墓地を設ける郷墓と呼ばれる大規模墓地の展開がみられたことが知られています。

また、これらの埋葬墓地の利用の特徴は、空いているところに次々と埋葬していくというかたちで、のちに家ごとの区画を設けるようになった事例もありますが、それは明治期以降の新しい変化であったということができます。そして、明治期以降、村落によっては埋葬墓地を集落近くに移転する例もみられました。そこには墓地の狭隘化とともに死穢忌避観念の希薄化という変遷が指摘できます。

具体的な事例として、奈良県北東部の奈良市水間《みま》町のミハカと呼ばれる埋葬墓地の移転についてみてみたいと思います（関沢　二〇〇五〈一九九八〉）。

男女別・年齢別の埋葬墓地

水間町のミハカは、明治二十一年（一八八八）頃まで、オサヨ谷と呼ばれる集落から四キロくらい離れた山林のなかにあったものを、集落の裏の山を開墾して移動してきたものと語り伝えています（中窪　一九六一）。オサヨ谷のミハカは、水間と室津と松尾との三つの大字によって利用されていました。この頃は、空いているところに埋葬する形だったものと推測されます。ミハカの集落近くへの移転にあたって、山を上がる道をはさんで男性は左側、女性は右側に、そして子供や若い人は下の段に、六十歳代、七十歳代、八十歳代、九十歳代というように年齢が高くなるごとに上の段に埋葬するという墓地の共同利用の基準がつくられました。ここでは、家族、親子、夫婦という血縁的関係よりも、水間の村人であるという地縁的関係によって、男女差と年齢差を基準として埋葬場所が決まったのが特徴です。どこに埋葬するか、その段の内で個々の地点を指定するのは総代と呼ばれる者の役目です。一人を埋葬して十年くらいたつと、その場所は新しい死者の埋葬のために掘り起こしてよいことになっていました。その時、遺骨が出てくることもありましたが、それらはまとめて、その段の端のほうにちょっと「ほかした」といいます。

この奈良県東部に位置する大和高原地域の村落における埋葬墓地は、村人の共有であり、空いているところに次々と埋葬するかたち、あるいは年齢基準を用いて、宮座の長老衆をつとめて死亡した者の「長老《おとな》墓」などと呼ばれる区画や、幼少の子供が亡くなった場合の子墓の区域の設定、さらに男女別などの基準を用いることなどがみられました。水間の事例は最もよくこの地域の男女別・年齢別の共同利用の基準を表しているものでした。

このように家ごとの区画は設けずに空いているところに次々と埋葬していくという完全な共同利用の原則、埋葬後から長くても四十九日までしかほとんど墓参を行なわないという習慣、などから注目されてきていた点の一つが、遺体への観念、つまり強い死穢忌避観念が基本にあり、個別の遺骸への執着のなさでした。そして、このミハカの利用では、各家の区画よりも村落の村人としての共同利用の基準が、男女別・年齢別に定められており、この地域の社会組織の特徴がそのまま死後の埋葬墓地の利用の仕方にも反映されていたのが特徴でした。

この水間の事例では、男女別、年齢別の埋葬墓地の共同利用がその特徴ですが、ミハカとは少し離れた場所に昭和五十四年（一九七九）に造成された石塔墓地の方は家ごとの区画が定められており、個々の家の石塔は家ごとに建てています。土葬の埋葬墓地は土地の共有が原則ですが、石塔墓地は家ごとの区画が決められて石塔の型式や大小は家ごとに決める、つまり墓域の共有と石塔の固有とが並立しているのが特徴です。

郷墓利用から集落への墓地の移転

次に、奈良盆地に展開する大型墓地である郷墓についてみてみます。かつて野崎清孝によれば郷墓の数は約百十三ヵ所であり、その郷墓を利用する大字は小規模なもので四ヵ大字、大規模なものでは二十二ヵ大字にもなると指摘されています。それらは墓郷集団とも呼ばれています。そして、野崎は郷墓の特性として、（1）郷墓を中心とする地域的範囲の枠組は固定的であって、近世以来、現在に至るまで変動が少ない、中世銘碑の分布から、その下限は文禄期におかれ、十五～十六世紀に形成されたものと捉えられる、（2）郷墓の利用には地域的な限定性が認められ、墓地に権利を有するものは共同体の一員でなければならない、（3）郷墓は超宗旨的、超檀家的である、などを指摘しています（野崎 一九七三）。

郷墓の具体的な成立と変遷について、法隆寺の極楽寺墓地を例に分析したのは細川涼一です。『嘉《か》元記《げんき》』によれば、十四世紀には「法隆寺寺僧の葬地であると同時に、凡下身分の者の遺骸を捨てる捨て墓」であり、さらに刑場でもありました。近世中期においては『古今一葉集』によれば、極楽寺は法隆寺寺僧の廟所があったほか、近郷五ヵ村の「雑塚」がありました。『斑鳩古寺便覧』によれば、文禄年間には近郷の十八ヵ村が利用する郷墓となり、それら十八ヵ村は近年まで墓郷を形成していました。極楽寺には天文十七年（一五四八）六月二十三日銘「六済（斎）念仏講衆十八人」名号板碑、弘治三年（一五五七）六月銘「大念仏講衆」名号板碑、天正九年（一五八一）七月四日銘名号板碑が残されており、この十六世紀後期には極楽寺が墓寺であると同時に、近郷の村落が大念仏・六斎念仏講を行なう村堂的な機能をも果たしていたことがうかがえ、「極楽寺墓地が近郷の惣墓《そうばか》（共同墓地）として発展するのも、もとよりこの極楽寺の村堂としての性格と無関係ではあるまい」と述べています（細川 一九八三）。

また、最大規模の二十二ヵ大字が利用してきたのが、吐田《はんだ》の極楽寺の郷墓です。その極楽寺郷墓は寺の所有になる内墓と墓郷が入会的に利用してきた外墓とに区分されていますが、内墓は寺僧の墓地であると同時に、天保二年（一八三一）の本堂の再建に対して一定の基金の貢献をした有力な家の墓地であったことが墓石の調査から指摘できました。外墓については、明和六年（一七六九）の『由緒書』に「五反斗り此坪千五百火葬場　幷《ならびに》廿二ケ村之自他宗惣墓ニ而石碑等在之」とあり、外墓は墓郷二十二ヵ村の惣墓として利用されていたことがわかります。また、楳田辰雄氏（明治四十四年〈一九一一〉生まれ）によれば「外墓はウズミバカ（埋み墓）で、内墓でおまつりをする。内墓をもっていない人は外墓に埋めるだけ」であったといいます。また、楳田氏は弘化年間（一八四四―四七年）生まれの祖母から、この極楽寺墓地は「明治の始めの頃までは大字ごとにだいたい区画が決まっており、その大字内ではどこに埋めてもいいことになっていた。古いところを掘り返して使用していた。石塔は建てないことになっていた。墓掃除は八月七日と十二月の始めに二十二ヵ大字に居住している人で行なった。個人では墓をいらわせ（いじらせ）なかったので、大字で出て来て墓掃除をした」という話を聞いていたといいます。この祖母から孫への語りには郷墓をめぐる共同利用のあり方をうかがうことができます（関沢　二〇〇五）。

次に、この吐田の極楽寺墓の二十二ヵ大字の中の一つ、河内から水越峠を越えて大和へ入る街道沿いに開けた名柄《ながら》という町場の集落の墓地利用についてみてみると、明治十八年（一八八五）の極楽寺の郷墓の区画図があり、それによると、名柄村が利用している区画には十三名の個人名が確認できます。しかし、その一方すでに名柄では、大字内にある龍正寺（浄土宗）の境内墓地、本久寺（日蓮宗）の境内墓地を利用する檀家があり、ほかに少数ながら近隣集落の他の寺に墓地を有している家もありました。そして、さらに近代以降の新しい変化としては昭和六年（一九三一）に名柄の集落近くに新墓地が造成されたことが注目されます。戦後の昭和二十七年（一九五二）にその墓域の拡張工事も行なわれました。このような郷墓から集落近くの墓地へという埋葬墓地の移転が行なわれたその背景としては、墓地の狭隘化だけでなく、社会的な変化の中で進んできていたかつての極端な死穢忌避観念の希薄化という変化を指摘することができます。たくさんの大字が一ヵ所の大型郷墓に集中してそれを共同利用してきた中世から近世の埋葬墓地利用の背景にあったのは、死穢の充満する埋葬墓地をそれぞれ自分の集落の近くには設けたくないためという、極端な死穢忌避の観念があったからだと考えられるのです（関沢 二〇〇五）。

4　流出してしまう埋葬墓地

近畿地方の村落では、埋葬墓地には大きく分けて、①集落から離れた山の中や集落からは見えない林の中に設けられる中小規模の墓地、②奈良盆地の郷墓のように平野部にまとめて設けられる大型の墓地、そしてもう一つ、③河川流域に設けられる中小規模の墓地、の三つのタイプがあります。そのうち、③河川流域の墓地というのは数年に一度、また長い歴史の中では何度か起こる集中豪雨による洪水のたびに流失してしまうような埋葬墓地です。かつて原田敏明が、「両墓制の問題」のなかで、埋墓においては遺骸を放置して顧みない例の一つとして、和歌山県紀ノ川流域の、村の埋墓が紀ノ川縁にあり、甚だしきは夏の増水には必ず流失するような崖の木の根の間などに埋葬（伊都郡高野口町伏原）やひとたび埋葬したら二度とそこには足を入れないところ（那賀郡粉河町荒見）、京都、桂川流域でも、堤防の下の川ぶちに、深い藪に蔽われた埋墓がある（京都市右京区郡町）などに注目していました（原田　一九六七）。

そして、野田三郎が「流葬を伴う両墓制」と題して和歌山県日高川流域の埋葬墓地の立地について報告をしていきました（野田　一九七四a）。しかし、民俗学の研究史のなかではそれはあくまでも特殊な事例であろうとしてとくには注意されずに看過されてきました。しかし、民俗伝承としては重要な事例情報であり、あらためてここで整理した情報を紹介しておくことにします。

洪水で流される墓地

野田は、河岸や海岸に近く、豪雨や高潮で流失することが予想される地点であるにもかかわらず、そのような場所に埋葬墓地を設けて遺体を埋葬する習俗が、紀伊半島の日高川や紀ノ川およびその支流において広くみられることに注目し、それらの事例を紹介しています（野田　一九七四a・一九七四b）。たとえば、紀ノ川の支流である貴志川流域では、川の岸の藪の中に埋葬墓地が設営されており、昭和二十八年（一九五三）の和歌山大水害、それは七月十七日から十八日にかけて、和歌山県中部を中心に山崩れ、崖崩れ、洪水をひきおこした紀州大水害で、和歌山県史上最悪の気象災害といわれているものですが、その被災の後も、同じ位置を埋め墓として利用しているといっています。埋葬後、墓地には木碑を立てるのみであとはその墓に参ることはないとも報告しています。

日高郡川辺町三百瀬《みよせ》の埋葬墓地も日高川に面した小藪の中に設営されており、これは川床から比高二メートルであるから新墓のほかはようやく痕跡をとどめるにすぎないとあります。埋葬後は、十七日間参る人もあれば三十七日間まで参る人もあり、人それぞれであるといいます。日高川の本流筋の例としては、御坊市野口字北野口では、日高川の護岸堤防ができる前、野口橋の上流五〇〇メートルの川砂地に流葬形式の埋め墓が存在しました。このように川砂地に埋葬墓地を設けるのは、川辺町上相佐《かみわさ》や中津村などでも同様でした。そうして、降雨のたびに埋め墓は直ちに日高川本流へ流去されていたといいます。

図６　川の向こう岸の藪の中が埋め墓地帯．和歌山県那賀郡貴志川町（野田 1974b より）．

野田によれば、「埋葬地は意外に早く失われるような地形をえらんでいた例が実に多い。（中略）流路の傾斜面あるいは中洲に竹藪が叢生していて比較的安全と考えられやすい場所に埋め、何十年に一度あるかないかの洪水に洗い流されている」と、その特徴をとらえています（野田一九七四b）。これらの事例では大水がおこると、そのたびに中洲や川砂地に設けられていた埋葬墓地が川に流されることが繰り返されてきたことがわかります。それでも、人びとはまた同じ場所に遺骸を埋葬してきていたのです。

流出する墓地とその後

和歌山県と接する奈良県においても、大正四年（一九一五）、五年の記録である『奈良県風俗志資料』によれば、国樔《くず》村大字南大野の墓地は、吉野川の川中に三反歩程度を有していたとあります。「県下独特・比類恐ラク他郷ニ見ザルベキ共同墓地ヲ我村大字南大野ニ存ス。標木標石（石塔）ヲ建ツルコトナク川中ノ丸石ヲ集メテ約円錐形ニ積ミ高サ大人ノタメニハ四尺許《ばかり》、小人ノタメニハ一二尺トス。コノ共同墓地ハ吉野川ノ川中ニ在リ、平常ハ磧トナレルモ水量増ストキハ忽《たちま》チ墓地全部水中ニ没シ積上ゲタル墓墳堆石ハ押流サレ旗立花ハ影ヲ止メズ誰ノ墓トモ区別シ難ク或ハ屍体流失ナキヲ保セズ」と記されており、独特の遺骸処理の方式を伝承しながら、それが特別視されていたことがわかります。

国樔村は、新子、野々口、南国樔、南大野、窪垣内《くぼかいと》、入野の六ヵ大字からなり、各大字に一ヵ所ずつ共同墓地があります。南大野以外は、山林内にあり、簡単な標木、標石（自然石）を立てるだけで、石塔は寺境内に建てられている例が多いといい、いわゆる両墓制の形態です。吉野川の川中に埋葬墓地をつくっているのは南大野だけでした。

二〇一五年一月の筆者の現地追跡調査によれば、すでにこの埋葬墓地は使用されておらず、エノミと呼ばれる大木が目印で草木の繁みとなり放置されていました。また、この埋葬墓地の場所はハシド

図７　吉野川の川原の墓地跡．国樔村南大野．2015 年．

と呼ばれていました。森本弥八郎氏（昭和十四年生まれ）は、父親から「川原に墓があった。台風などでしょっちゅう流されていた」と聞かされていただけで、その川原の墓に自分は行ったことはないといいます。その埋葬墓地は大正十四年（一九二五）に南大野の集落の南の外れにある山の上に新たな埋葬墓地を造営した後は使われなくなり、その新しい山の墓地はその後、土葬から火葬への変遷を経ながらも現在も使用されています（関沢 二〇一六）。

『奈良県風俗志資料』は大正四年、五年に県内の村々から報告された資料で、同時代の風俗習慣が記されています。これに「墓域の状態」「墓地の所在、集合状態」という項目があります。それによれば、当時、共同墓地として河原や堤に埋葬墓地がある事例は、南大野のほか、「今井町ノ墓ハ同町ノ東方ナル堤ニアリ」（高市郡某村）、「大抵の場合、人家離れたるところを撰び、多くは川の堺域に藪を繞しめるからに淋しき土地を撰びたるものとみゆ」（北葛城郡某村）の二例が記録されています。

河原の墓地とその変遷

京都府日吉町天若《あまわか》は、日吉ダム建設により水没した村で、昭和六十二年（一九八七）三月に離村式が行なわれました。その水没前の文化財調査報告書（日吉ダム水没地区文化財等調査委員会　一九八八）によれば、京都市の桂川の上流にあたる大堰《おおい》川《がわ》の渓谷に沿って平地に南北に集落が形成され、大堰川の下流からみれば、宮（二十四戸）、世木林《せきばやし》（二十六戸）、沢田（十戸）、楽河（九戸）と、最上流部に上世木（三十四戸）の、計五集落が位置していました。この天若地区の墓制はミバカと呼ばれる埋葬墓地と、コバカとかラントバと呼ばれる石塔墓地とが設けられている両墓制でした。天若の埋葬墓地の立地には特徴があり、楽河、沢田、宮の三集落の埋葬墓地はそれぞれ大堰川の川原にあり、そして世木林の集落の埋葬墓地は千谷川の川原にありました。これらの埋葬墓地はいずれも共有墓地で、空いているところに埋葬するかたちでした。

この墓地の調査を行なった村上忠喜によれば、楽河のもと川原にあった埋葬墓地は明治期の大洪水の際に墓地が流失し山の高所へ移転しているが、そのことを人びとは今も「洪水のため墓地が流されたから」だと言い伝えているといいます。その後、昭和に入ってから、その山の墓地までの道がかなりの急勾配であったため再度移転しています。沢田の埋め墓も、大堰川が増水すればすぐに水に浸ってしまう川原に設けられていました。しかし、楽河と同様に洪水のために埋め墓が流されたため、山の中腹に移転したといいます。

宮の埋め墓はもと大堰川の中洲にあったといい、千谷川が大堰川に流入する地点に位置していたため、墓地が流されてしまうことは度々あったといいます。この墓地も、楽河、沢田と同じく洪水によって流失したため移転したといいます。宮村区有文書の「墓地新設願」（年未詳）によれば、その中洲にあった埋め墓は明治十七年（一八八四）まで使用されていましたが、河川の内のためそこは官有地であるということから世木林の埋め墓に埋葬することにしたといいます（日吉ダム水没地区文化財等調査委員会　一九八八）。

村上の報告によれば、楽河、沢田、宮の各集落の埋葬墓地と世木林の埋葬墓地はいずれも川原や川の中洲に設けられていましたが、明治以降、山の中腹など流されることのない高台に移転していたことがわかります。また、南大野の吉野川の川原の埋葬墓地も山の中腹に移転しています。この背景には、近代になって、遺骸の埋葬についての人びとの遺骸を流してはいけないという意識と、死穢忌避観念の希薄化という変化があったものと推察されます。

洪水災害とその逆利用

以上でみたような事例の内、和歌山県日高川流域、奈良県吉野郡南大野の川の中洲に設営される埋葬墓地の事例や、京都府の大堰川上流の天若地区など、川の中洲や砂地の川原に埋葬墓地が設営される背景には何があるのか、それについては、遺体と死穢の充満している埋葬墓地を洪水で流されることを覚悟して、もしくは予測しながら、あえてそのような中洲や川辺に埋葬墓地を設けている例とみてとることができるといえます。それは近畿地方の埋葬墓地のさまざまについて追跡し整理してみた前節の中でも見出すことのできた強い死穢忌避観念（最上　一九五六、新谷　一九九一、関沢　二〇〇五ほか）との関係性でいえば、墓地の死穢忌避や汚穢忌避へ対処の上で単に忌避するだけでなく、時々おこる大水や洪水という自然災害をむしろ逆利用している民俗の経験知がそこに伝えられてきた結果ではないかと考えられるのです。一方で悲惨な洪水や氾濫という自然災害が、他方でそれを死穢や汚穢の浄化のために逆利用している事例として、これらの川原への墓地の設営の事例は位置づけられるのではないかと考えています。

そして、このような、川原に埋葬墓地を設けてきた集落は決して例外的なものではないといえます。現実の長い生活史の展開の中では日本各地に他にも同じようなものがあった可能性があります。たとえば、鳥取県日野郡江府《こうふ》町大満《だいまん》の事例でも、捨て墓と呼ばれる埋葬墓地は集落の前を流れる大河原川の川原にあり、本墓と呼ばれる石塔墓は各戸がそれぞれ家の後ろの山裾などに墓地を持っているといい、それでも「以前はこの本墓も捨て墓と同じく河原にあったといわれており、それが洪水で流されたので現在のような場所に移したのだといわれている」という報告もあります（江府町史編纂委員会 一九七五、坂田 一九七九）。

おわりに――保存と記憶・放棄と忘却――

埋葬墓地の立地には、屋敷や耕地に家ごとに設けられる事例があり、それとは別に集落ごとの共有墓地として山間地、平野部、河川流域、などの事例があります。そのなかでも屋敷地や耕作地に子々孫々にまで大切に保存することを志向するというタイプと、この河川流域に墓地を設営して「流されてもいい」というタイプと、この二つの対照的な墓地の立地には、それぞれの地域社会によって死者の遺骸の扱いや埋葬墓地の意味の上で大きな差異があることがわかります。

屋敷墓の場合には、遺骸の自前処理がなされているといえます。それが近畿地方のサンマイやミハカと呼ばれる集落ごとの埋葬墓地では、集落から離れたところに共同で設けるものとなり、さらに奈良盆地の郷墓では各集落から離れた場所に、複数の集落が大規模な遺骸処理場を設けるものとなっています。これは明治になって政策的に行なわれた共同墓地設営とは歴史が異なります。

そして、このような埋葬墓地の立地の地域差という観点からは、近畿地方から遠く離れるにしたがって、屋敷墓の場合にはその屋敷や畑地は先祖が眠っているのだから子孫は大事に守るようにという言い伝え（東京都西多摩郡檜原《ひのはら》村南檜原大字上川苔《かみかわのり》ほか）、また若くして亡くなった跡取り息子として期待された長男に一番よい土地を相続させるという意識（徳島県三好郡井川町野住、愛媛県伊予三島市中ノ川など）など、家の先祖を記念し記憶し伝承する地域が各地に点在していることが注目されます（田中　一九七九〔一九七三〕、藤丸　一九七九、森　一九七九など）。そのような事例では墓地の遺骸に対する「保存」と「記憶」という志向性が認められ、川原で洪水に流れるに任せる事例では墓地の遺骸に対する「放棄」と「忘却」という志向性が認められるといってよいでしょう。放棄と忘却はいわば「片付け」でもあり、日常生活の必然の中で生まれてくる汚穢の蓄積を河川氾濫という自然災害でもって清掃し浄化して環境をリヤットするという発想に共通するところがあります。複雑な感想をもつ人たちも多いかもしれませんが、それも民俗の伝承の一つであり注目すべき発想ともいえます。民俗の中の古くからの言い習わしには、死ねば土に帰る、とか遺骸を土にかえす、という言い方がよくなされてきましたが、河川に流出させる墓地の事例というのは、水のもつ浄化力を最大限に活用している墓制といってもよいのかと、それらの民俗調査の現場では考えました。

参考文献

井之口章次「葬法の種類」『葬送墓制研究集成1　葬法』名著出版、一九七九年
上井久義「家と墓の一考察」『葬送墓制研究集成5　墓の歴史』名著出版、一九七九（初出一九七六）年
大山荘現況調査団『丹波国大山荘現況調査報告Ⅳ』、一九八八年
勝田　至『日本中世の墓と葬送』吉川弘文館、二〇〇六年
加藤正春「畑の一隅に死者を葬る習俗をめぐって―葬送・墓制史の理解のために―」『岡山民俗』二三二、二〇一二年
京都府教育委員会『丹波地区民俗資料調査報告書』、一九六五年
江府町史編纂委員会編『江府町史』、一九七五年
国立歴史民俗博物館『死・葬送・墓制資料集成』東日本編一・二、一九九九年
国立歴史民俗博物館『死・葬送・墓制資料集成』西日本編一・二、二〇〇〇年
国立歴史民俗博物館『葬儀と墓の現在―民俗の変容―』吉川弘文館、二〇〇二年
国立歴史民俗博物館『葬墓制関係写真資料集1』国立歴史民俗博物館、二〇一二年
坂田友宏「鳥取県の葬送・墓制」坂田友宏・新藤久人・白石昭臣・三浦秀宥・伊藤彰『中国の葬送・墓制』明玄

書房、一九七九年
佐藤米司「葬制と墓制」和歌森太郎編『津軽の民俗』吉川弘文館、一九七〇年
新谷尚紀「天竜川流域の墓制―静岡県磐田郡佐久間町―」『社会と伝承』一四―四、一九七五年
新谷尚紀「墓の歴史」『生と死の民俗史』木耳社、一九八六年
新谷尚紀『両墓制と他界観』吉川弘文館、一九九一年
新谷尚紀「両墓制の分布についての覚書」『国立歴史民俗博物館研究報告』四九、一九九三年
関沢まゆみ「男女別・年齢別の墓地をめぐる問題」『宮座と墓制の歴史民俗』吉川弘文館、二〇〇五（初出一九九八）年
関沢まゆみ「墓郷・水郷・宮郷をめぐる民俗学的考察―奈良盆地南西部・吐田郷の事例より―」『宮座と墓制の歴史民俗』吉川弘文館、二〇〇五（初出二〇〇四）年
関沢まゆみ「民俗学の災害論・試論―危険と豊穣：伝承事実が語る逆利用の論理―」『国立歴史民俗博物館研究報告』二〇三、二〇一六年
関沢まゆみ編『民俗学が読み解く葬儀と墓の変化』朝倉書店、二〇一七年
高取正男「屋敷付属の墓地―死の忌みをめぐって―」『葬送墓制研究集成五　墓の歴史』名著出版、一九七九（初出一九七六）年
田中正明「東京都檜原村南檜原の両墓制」『日本民俗学』八六（後に『葬送墓制研究集成』4、名著出版、一九七九年所収）、一九七三年
中窪寿雄『東山村史』、一九六一年
野崎清孝「奈良盆地における歴史的地域に関する一問題―墓郷集団をめぐって―」『人文地理』二五―一、一九七三年

野田三郎「流葬を伴う両墓制について―紀伊日高川を中心に―」『日本民俗学』九三、一九七四年a
野田三郎『日本の民俗　和歌山』第一法規、一九七四年b
原田敏明「両墓制の問題」『社会と伝承』一〇―二、一九六七年
日吉ダム水没地区文化財等調査委員会編『日吉ダム水没地区文化財調査報告書』、一九八八年
藤丸　昭「徳島県の葬送・墓制」市原輝士・藤丸昭・森正史・坂本正夫『四国の葬送・墓制』明玄書房、一九七九年
細川涼一「中世の法隆寺と寺辺民衆―勧進聖・三昧聖・刑吏―」『部落問題研究』七六（後に『中世の身分制と非人』日本エディタースクール出版部、一九九四年所収）、一九八三年
三木寛人『木屋平村史』、木屋平村、一九七一年
水流郁郎「鹿児島県の葬送・墓制」中村正夫・安田宗生・市場直次郎・田中熊雄・山口麻太郎・水流郁郎・小泊立矢『九州の葬送墓制』明玄書房、一九七九年
村上忠喜「墓制の特徴」『日吉ダム水没地区文化財調査報告書』、一九八八年
最上孝敬『詣り墓』古今書院、一九五六年
森　正史「愛媛県の葬送・墓制」市原輝士・藤丸昭・森正史・阪本正夫『四国の葬送・墓制』明玄書房、一九七九年

コラム〈3〉 昔話と水の世界

津金澪乃

死と富の島

私たちが暮らすこの世界とは異なる、水の世界との交流についての話が、歴史文献や昔話の中に伝えられてきています。その水の世界について、民俗学の立場から論じた早い段階のものとして、折口信夫と柳田國男の論考があります。まず、折口の論の要点についてまとめると、以下の通りです（折口 一九二〇・一九二五）。

（1） 日本には、除夜または節分の夜に、寝床の下に船の絵を刷った紙を敷き、翌朝に流すか埋めるという習俗がある。これは、臥所に堆積した忌むべきものや穢らわしいものを船に乗せて流す意味であり、後には悪夢を流す意味とも考えられていった。仙台付近では、「蚤の船」という草があり、節分にこれを寝床の下に敷いて寝れば、寝床の虫として代表的な蚤が、その葉に乗って去るとされている。そして、沖縄本島では、初夏になると蚤が麦藁の船に乗って「にらいかない」からやってくるといい、それを「にらいかない」へ去ってしまえと言って払う習俗がある。つまり、「にらいかない」は、穢れが流し放たれる先とされている。

（2）沖縄を中心とする南島に伝承される「にらいかない」は、幸いをもたらす海の彼方の理想郷とも、床虫や暴風などの禍いの本地とも考えられている。そして、村の青年が、そのような島からやってくる祖先に扮装して祝言を唱える行事がある。以上から、「にらいかない」は、もとは死後の村の人々の霊がいる恐ろしい海の彼方の島であった。それが、後になって理想化されていき、祖先の霊が祝福と教訓とのために渡ってくるとされるようになっていったと考えられる。この「にらいかない」の伝承は、「私どもと血族関係があり、或は長い隣人生活を続けて来たと見える民族」が伝えているものであり、日本に伝わる水の世界である「常世の国」について考える上でも参考になる。

（3）記紀に「常夜行く」という成語があり、これは絶対の闇の日夜が続くという意味と考えられる。また、御毛沼命《みけぬのみこと》（三毛入野命《みけいりののみこと》）が、波の穂を踏んで「常世」に渡ったと記されており、これは、海を渡って死の島である常世へ行ったという意味と考えられる。つまり、「常世」は、常闇の国土であり、海上遥かな死の島であると考えられていた。

（4）『出雲国風土記』の出雲郡宇賀郷の項には、「なつきの磯」に、夢でも近づく者は必ず死ぬとされる窟戸《いわやど》の穴があり、これが「黄泉の阪」「黄泉の穴」と呼ばれていると記されている。そして、海上遥かな死の島への道が海底を抜けて通じているという考えから、転じて、海底の国という考えが生まれてきた可能性がある。

（5）死の島という伝承がある一方で、『日本書紀』には、常世の神を祭ることが流行したという記事がある。そこには、常世の神をまつれば、貧しい人は富み、老いた人は若返ると記されている。もとは死の島であった常世が、理想化されて、富と齢の国へと変化していったと考えられる。

次に、柳田國男の論の要点についてまとめると、以下の通りです（柳田 一九五〇・一九五五）。

（1）海上の霊地を意味する、日本の「根の国」の「ネ」と、南島の「ニライ」「ニルヤ」の「ニ」とは、もとは地下という意味ではなく、出発点や中心点という意味であった。両者はもとは同じ言葉であったが、後に変化して分かれていった可能性がある。「根の国」「ニライ」「ニルヤ」は、日が昇る方角である東の遥か海上の、故郷の島と考えられていた。

（2）南島には、稲が海の彼方の「ニライカナイ」から渡ってきたという記録がある。日本にも、稲を大師が天竺から盗んできたという伝承や、弘法大師が唐土から密かに持ち帰ってきたという伝承、鶴が穂をくわえて飛んできて落としたという伝承がある。ここから、日本の「根の国」は、南島の「ニライカナイ」と同様に、稲という穀物の根源であり、そこには人間を豊かにする力があると考えられていた可能性がある。

以上のように、折口と柳田は、とくに南島の「にらいかない」の伝承と、記紀をはじめとする日本の古代の記録とに注目して、海上遥かな島とされる「常世」や「根の国」など、水の世界について論じていました。

宝をもらう昔話

一方、昔話の分析からは、水の世界についてどのようなことがわかるでしょうか。地上の世界と水の世界との交流を語る昔話の中に、「竜宮童子」や「竜宮犬」などと呼ばれる話があり、たとえば次のような事例が報告されています（以下は筆者による要約です）。

【事例1】岩手県紫波《しわ》郡矢巾《やはば》町（旧煙山村）（柳田　一九四二）

男が山へ門松迎えに行くと、淵に鴨が浮かんでいる。鴨に門松を投げると、鴨も門松も淵に沈んでしまう。すると淵から姉様が現れ、門松のお礼にと、男を淵の底の立派な座敷へ連れて行く。男は座敷でご馳走になり、「よけない」という醜い子どもをもらって家に帰る。「よけない」が稼ぐので米や銭がたまるが、男の留守に、嫁が「よけない」を箒で叩き出してしまう。男は、元の貧乏暮らしに戻る。

【事例2】高知県高岡郡津野町（旧東津野村）（桂井　一九四三）

男が年の暮れにセチクンゼ（正月用の薪）を売りに行くが、売れないので「龍宮様にあげます」と海に放り込む。そこへ龍宮様が現れて、褒美に打出の小槌をくれる。男は打出の小槌で、米や倉を出して大金持ちになる。隣の男が小槌を借りて「コメクラ」と振ると、小盲《こめくら》が出る。

【事例3】広島県広島市（旧鈴張村）（磯貝　一九七四）

男が歳暮に、舅の庄屋へ薪を持って行くがいらないと言われ、薪を池の中に投げる。数日後に男が池の近くを通ると、池の中から男が現れ、薪のお礼にと水の中の竜宮へ連れて行く。男は竜宮で三日を過ごし、金の鶏をもらって帰る。家へ帰ると、男がいなくなって三年が経っており、皆が死んだと思って男の法事をしている。そこへ男が戻ったので皆が喜ぶ。竜宮からもらってきた鶏に米を一日一合食わせると金の玉を生むため、男は分限者になる。庄屋がその鶏を借り、欲を起こして米を二合食わせると、鶏は死んでしまう。男が死んだ鶏を埋めると樹が生えて実がなり、これが蜜柑のはじまりという。

以上の事例は、それぞれ、水の世界からもらうものが、子ども、小槌、鶏、という違いはあるものの、水の世界に薪または門松をあげて、水の世界から宝をもらう、という構成が共通していることが指摘できます。そして中には、次のような豊かな年越しについて語る事例もあります。

【事例4】 山形県置賜《おきたま》地方（山形県立荒砥高等学校社会クラブ　一九七六年）

正月が近くなり爺が町に門松を売りに行くが、どの家でも断られ、龍宮の神様にあげると言って沼に門松を投げる。爺は、正月は米も食べられないと悲しく思いながら家に帰る。翌朝、爺と婆が大勢の足音を聞き、戸をあけると魚や米がたくさん積んである。龍宮の神の恩返しであった。

【事例5】 新潟県三条市（旧大面村）（柳田　一九四二）

爺が歳の夜に門松を売りに町へ行くが、売れないので、乙姫様にあげると言って門松を川に落とす。米も買えないからと湯を飲んで寝ると、夜中に外で声が聞こえ、朝、戸口に魚や米や味噌が積んである。爺と婆はよい元日を祝うことができた。

以上のような昔話は、日本各地に伝承される昔話を、話の組み立て、つまり構成枠組みと、その構成要素とを基準として比較し分類するという観点からすれば、まず構成枠組みについて次の四つに整理できます。なお、北海道と沖縄の事例も重要と考えますが、近世までの歴史の違いを考慮して、ここではまずは青森から鹿児島までの事例を対象としました。比較にあたっては、『日本昔話通観』（稲田ほか　一九七七）を参考にしました。

（A）年末―薪・門松―動物（鶏）―金―……事例3
（B）年末―薪・門松―道具（打出の小槌）―米・倉・金―……事例2
（C）年末―薪・門松―子ども（よけない）―米・倉・金―……事例1
（D）年末―薪・門松―米―年越し……事例4、5

（A）は、犬、猫、馬、鳥などの動物をもらうという話で、三十八事例（青森一、秋田一、群馬三、新潟一、愛知一、京都一、奈良一、鳥取一、島根二、岡山二、広島二、徳島三、香川三、福岡三、長崎三、熊本一、鹿児島九）ありました。そのほとんどが動物が金をひるという話になっており、動物が米や倉を出してくれるという話はごくわずかでした。

（B）は、打ち出の小槌をはじめとする不思議な道具をもらう話で、二十七事例（岩手三、山形

一、群馬一、新潟二、福井一、山梨二、和歌山一、鳥取一、徳島一、香川一、愛媛一、高知一、福岡二、長崎二、熊本二、鹿児島四）ありました。何でも欲しいものが出せる打ち出の小槌のほかに、欲しいだけ米の出る臼、金の出る振袖などがありました。

（C）は、子どもをもらうという話で、一九事例（青森二、岩手四、宮城四、秋田一、山形一、新潟一、鳥取一、岡山二、福岡一、熊本一）ありました。その多くは、汚い子ども、醜い子どもとされていて、男が望む通りに米や倉、金などを出してくれます。

（D）は、動物や道具、子どもが登場せず、水の世界からもたらされた米によって年越しをするという話です。たとえば、先に紹介した事例4や事例5があります。数は少ないものの、（A）（B）（C）と比べて、素朴なかたちとして注目されます。

そこで次に、あらためて、（A）（B）（C）（D）の構成要素を比べてみると、次の点が指摘できます。まず、（D）には、年末と、それに対応する年越しの要素があります。（D）は、年末に、年越しに必要な薪や門松を水の世界にあげる、年越しに必要な米を水の世界からもらう、豊かな年越し、と整理でき、物語の組み立ての上での要素がそろっているといえます。

それに対して、（A）（B）（C）には、年末という要素があるものの、年越しの要素がありません。そして、（A）では金をもたらす動物、（B）では米・倉・金をもたらす道具、（C）では米・倉・金をもたらす子ども、という（D）にはない要素が加わっています。

以上の構成要素の比較から、要素のそろっている（D）が基本であり、そこから（A）（B）

（C）が派生していった可能性が指摘できます。つまり、この昔話には、水の世界からもたらされた米によって豊かな年越しを迎えるという話から、水の世界からもたらされた不思議な動物や道具、子どもによって、倉や金を得る話へと展開してきた歴史があったのではないかと考えられます。

記紀における「綿津見神の宮」

次に、文献に記録された水の世界についても少し紹介してみます。『古事記』と『日本書紀』に、山佐知毘古《やまさちびこ》（山幸彦）が水の世界を訪れて宝を得るという、先に紹介した昔話とよく似た構成をもつ話が記されています。

『古事記』の記述を見てみると次の通りです。弟の山佐知毘古が、兄の海佐知毘古《うみさちびこ》の釣り針を失くしてしまいます。山佐知毘古は、海辺で出会った塩椎神《しほつちのかみ》の教えに従って、「無間勝間《まなしかつま》の小船」、つまり目のつまった籠の船に乗って「綿津見神《わたつみのかみ》の宮」へ行き、綿津見神の娘の豊玉毘売《とよたまびめ》と結ばれます。綿津見神は、山佐知毘古に釣り針を返して、兄に返す時には、「此の鉤《ち》は、おぼ鉤・すす鉤・貧鉤・うる鉤」と言って後ろ手に与えなさいと教えます。そして、兄が高田《たかた》を作ったら下田《ひきた》を、下田を作ったら高田を作りなさいと教えて、「吾水を掌《つかさど》るが故に、三年の間、必ず、其の兄、貧窮《まづ》しくあらむ」と言います。さらに、兄が攻めてきたら「塩盈珠《しほみちのたま》」を取り出して溺れさせ、許しを請うたら「塩乾珠《しほひのたま》」を取り出して生かしなさい、と教えて、「塩盈珠」「塩乾珠」を与えます。

山佐知毘古はわにの背に乗って戻ると、綿津見神の教えの通りにして栄えます。以上の記事では、山佐知毘古が、川や池ではなく、海を通じて「綿津見神の宮」へ行くとされています。そして、山佐知毘古はそこで稲作に関する助言と、水を操る力をもつ「塩盈珠」「塩乾珠」を得ています。つまり、海から通じている水の世界に、水をつかさどり、稲作の豊作や凶作をもたらす力があるとされています。

『日本書紀』にも、これとよく似た記事があります。正文（本文）のほかに、一書第一から第四までの記述があり、山幸が海を通じて水の世界に行くことと、水を操る力を得ていることとは、その全てに共通しています。一書第一と第四では、海神が山幸に、兄が海を渡る時に暴風と大波を起こして溺れさせて苦しめよう、と言っています。つまり、ここでは水をつかさどる力が、海に暴風や大波を起こす力とされていて、漁を左右する力と考えられます。一方で、『古事記』に見られた稲作についての記述は、『日本書紀』の正文、一書第一、第二、第四にはありません。一書第三には、海神が山幸に、兄が高田《あげた》を作ったら洿田《くぼた》を、洿田を作ったら高田を作りなさいと教えたと記されていて、『古事記』と同様に水をつかさどる力と稲作とが結びつけられています。

水の世界からもたらされる富

これまでに紹介した日本各地の昔話と、記紀の「綿津見神の宮」の記事から、水の世界からもたらされる富について、次のことが指摘できます。昔話については、その構成枠組みと構成要素の比較から、水の世界から豊かな年越しのための米がもたらされるというかたちが基本と考えられます。そして、記紀にも、水の世界に稲作の豊作と凶作をもたらす力があると記されています。つまり、水の世界がもたらす富とは、古くは米をもたらす力であり、それが後に倉や金へと展開してきている可能性が考えられます。

そして、記紀の記事では、米をもたらす水の世界が海と関連づけられています。稲作に必要なのは、海の塩水ではなく、川を流れる真水のはずです。前述の宝をもらう昔話について、水の世界がどこにあるとされているのかを整理してみると、事例1から事例5をみてもわかるように、川、淵、池、沼、海などさまざまです。そして、川とされる場合でも海とされる場合でも、その話の構成は共通しており大きな違いはありません。水の世界は、「竜宮」や「竜宮城」と呼ばれることもありますが、その竜宮も川にある場合と海にある場合とがあります。つまり、昔話の伝承の世界では、川の水も海の水も、同じく富をもたらす水の世界へ通じていることが特徴です。その背景には、川から海へという水の流れや、地下水などの、水の循環をめぐる事実と、それに対する人々の信仰とが想定されます。

参考文献
磯貝　勇『全国昔話資料集成5　安芸国昔話集』岩崎美術社、一九七四年
稲田浩二ほか『日本昔話通観』本篇二九、研究篇二、同朋舎出版、一九七七―一九九八年

折口信夫「妣が国へ・常世へ」『國學院雑誌』二六―五、一九二〇年（『折口信夫全集』第二巻所収）
折口信夫「古代生活の研究」『改造』七―四、一九二五年（『折口信夫全集』第二巻所収）
桂井和雄「土佐の国東津野村の昔話」『旅と伝説』一六―一、一九四三年
小島憲之ほか『新編日本古典文学全集2　日本書紀①』小学館、一九九四年
柳田國男『全国昔話記録　紫波郡昔話集』三省堂、一九四二年
柳田國男『全国昔話記録　南蒲原郡昔話集』三省堂、一九四三年
柳田國男「海神宮考」『民族学研究』一五―二、一九五〇年（『定本柳田國男集』第一巻所収）
柳田國男「根の国の話」『心』八―九、一九五五年（『定本柳田國男集』第一巻所収）
山形県立荒砥高等学校社会クラブ『昔あったけど―置賜地方の昔話―』一九七六年
山口佳紀ほか『新編日本古典文学全集1　古事記』小学館、一九九七年

第4章　沖縄の井戸と祭祀
――八重山諸島石垣島白保の事例より――

阿利よし乃

はじめに――沖縄の井戸への信仰――

水道が普及した今日、井戸は生活のために必要なものではなくなりました。昭和二十六年（一九五一）、那覇市で戦後初めての水道の給水が始まりました。その後、沖縄県内各地で水道の整備が進められ、今日に至っています。そのため、現代の人びとは井戸に水を汲みに行かずとも、自宅内で必要なときに、必要な分の水を使うことができるようになりました。生活用水の供給元としての井戸は、その役割を終えたといえるでしょう。

しかし沖縄の人びとにとって、井戸は信仰の対象として現在も大切にされています。旧暦の正月には人びとが井戸に向かって手を合わせ、これから一年間の家族の健康や幸せを願う様子をみることが

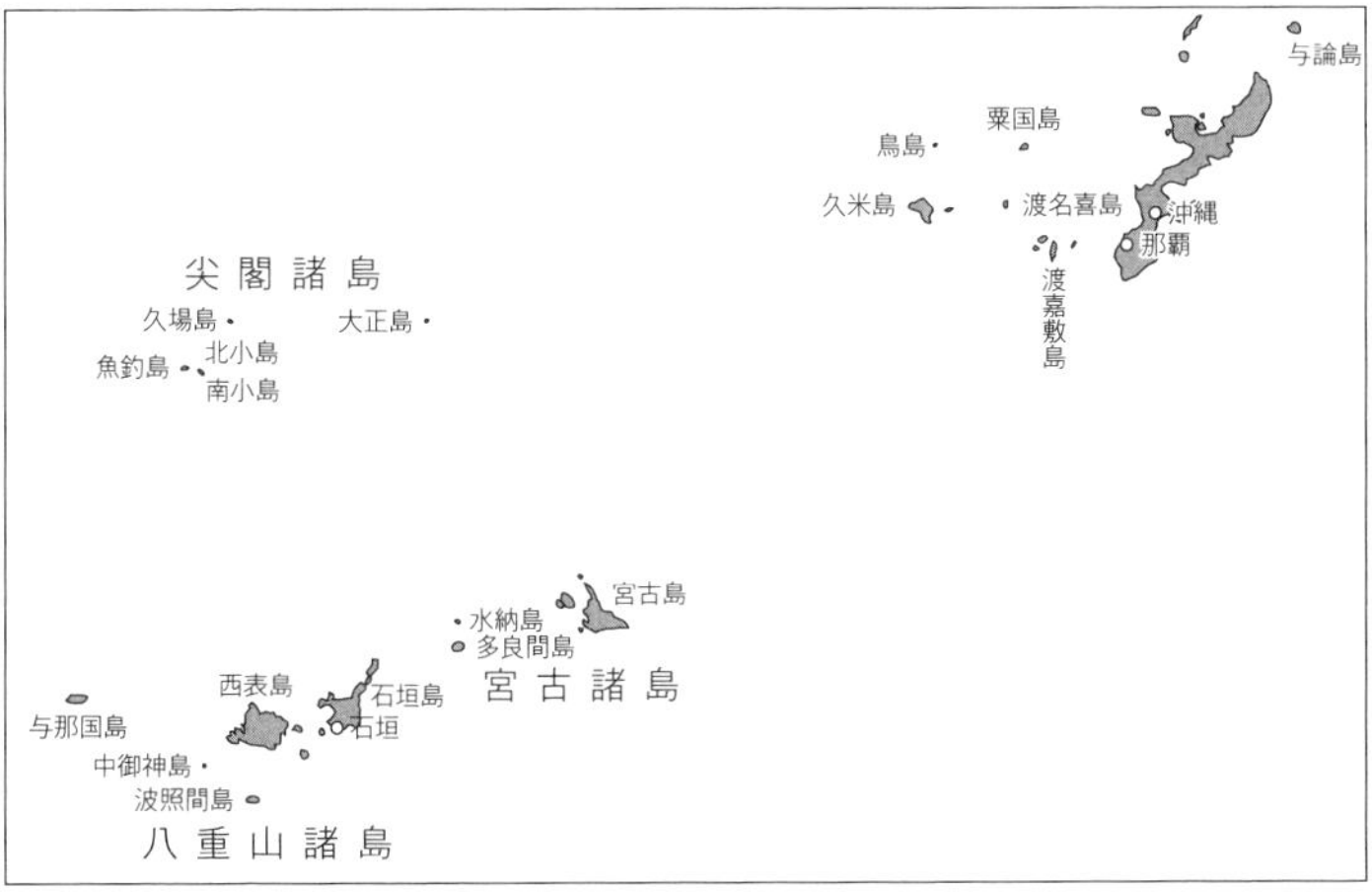

図1　八重山諸島の位置

できます。沖縄の地域に分け入って村落を歩いてみると、信仰のための井戸が各地にあることに気づくのです。ここでは、そのような信仰の場としての井戸について、八重山諸島石垣島白保《しらほ》という地域の事例をご紹介します。

1　石垣島白保と明和大津波

石垣島白保の位置と歴史

図1は八重山諸島の位置を表しています。八重山諸島は沖縄本島の南西にある島々の集まりで、その中に石垣島があります。石垣島は那覇から約四一一キロの距離に位置する、八重山諸島の中心地です。その石垣島の南東部にあるのが、白保という地域です（図2）。集落の東側は太平洋に面しており、豊かなサンゴ礁が広がっています。

白保は行政上では石垣市字白保として一つの字をな

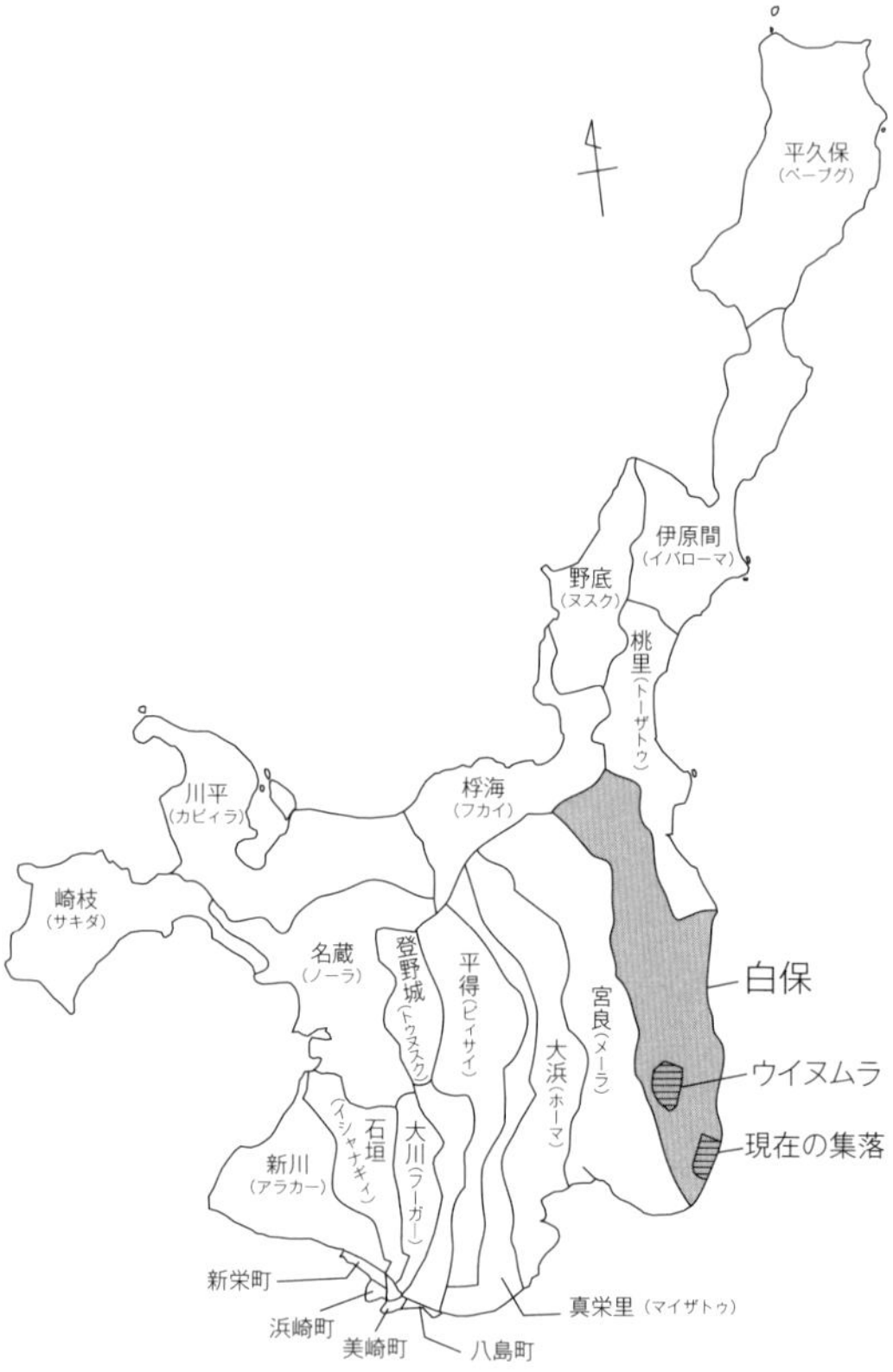
平久保
(ベーブグ)
伊原間
(イバローマ)
野底
(ヌスク)
桃里
(トーザトゥ)
川平
(カビィラ)
桴海
(フカイ)
崎枝
(サキダ)
名蔵
(ノーラ)
登野城
(トゥヌスク)
平得
(ピィサイ)
宮良
(メーラ)
大浜
(ホーマ)
白保
ウイヌムラ
現在の集落
石垣
(イシャナギィ)
大川
(ラーガー)
新川
(アラカー)
新栄町
浜崎町
美崎町
八島町
真栄里（マイザトゥ）

図２　白保の位置

しています。令和二年（二〇二〇）十二月末現在の人口は千五百九十九人で、世帯数は七百七十四世帯です。主な産業は農業で、とくにサトウキビの生産量が多いです。また、新石垣空港が白保に建設され、平成二十五年（二〇一三）三月に開港しています。

現在の空港内には白保《しらほ》竿根《さおね》田《た》原《ばる》遺跡《いせき》があります。この遺跡は旧石器時代の墓地で、化石人骨が発見されています（沖縄県教育庁文化財課 二〇一九）。その発見により、二万年以上前の石垣島に人類が渡っていたことがわかりました。

順治四年（一六四七）、近世の白保は隣村の宮良《みやら》村と行政区を一つにしていました（石垣市史編集委員会 一九九四）。乾隆三十六年（一七七一）に大津波が先島諸島に襲来し、白保の人びとの多くが犠牲となりました。

津波の発生

中国暦では乾隆三十六年、和暦では明和八年、西暦一七七一年の旧暦三月十日の朝八時頃、石垣島の南南東沖で地震が発生し、大津波が起こりました。地震の規模はマグニチュード七・四と推定されています（得能 二〇〇〇）。この津波は宮古諸島と八重山諸島に甚大な被害をもたらしました。石垣島の郷土史家である牧野清はこの津波の名称を明和大津波とし、以降の研究では「明和大津波」の語が用いられています（牧野 一九八一）。

被害の様子

明和大津波に関する記録の中に「大波之時各村之形行書《おおなみのときかくむらのなりゆきしょ》」という文書がありま
す。その記録には、大地震がおさまってすぐに石垣島の東方で雷のような音がし、
間もなくサンゴ礁の沖まで海水が引き、あちらこちらで立った波がひとつになっ
て、大波が黒雲のように躍り上がって立ち、いっときに村々へ三度も寄せあがっ
たと記されています（石垣市 一九九八、得能 二〇二〇）。石垣島を襲った波の高さは
地形によって違いがありますが、四箇《しか》とよばれる島の政治の中心地には最大一七
メートルの波が押し寄せたことがわかっています（島袋 二〇二〇）。波は沖の石を
陸へ寄せ挙げ、地上の石や大木を根こそぎ引き流しました。多くの人びとが波に
さらわれて命を落とし、生き残った人びとは泥に覆われて流されてきた木や石に
よって頭や手足をケガし、親子、兄妹、夫婦の見分けもつかない様子だったこと
が記録されています（石垣市 一九九八）。

表1　白保の被害状況

当時の人口		犠牲者		生存者	
男 771	1,574	男 750	1,546	男 21	28
女 803		女 796		女 7	

得能 2020 をもとに作成.

この津波によって、石垣島の南部から東海岸の全域と西部の一部が壊滅しました。八重山の犠牲者数は九千三百九十三人で、生き残ったのは一万八千六百七人でした。単純計算をすると、明和大津波によって、当時の八重山の人びとの三分の一が犠牲になったということになります。

白保の被害も悲惨なものでした。村落に押し寄せた波の高さは一九メートルから二五メートルだったと推定されています（島袋 二〇二〇）。表1は明和大津波による白保の人的被害の様子をまとめたも

のです。当時の人口千五百七十四名のうち、千五百四十六名の人びとが津波の犠牲になりました。生き残ったのはわずか二十八名だったと伝えられています（得能 二〇二〇）。白保で暮らしていた人々のうち、九八％の人びとが命を落としました。

家屋の被害も大きく、二百三十四軒の家が崩れ、農耕に必要不可欠な牛馬も波にさらわれてしまいました。また、田畑に実った農作物も流され、潮水が入った農耕地は農業に適さない土地に変わってしまいました。

村の移転

大津波襲来の後、復興に向けた政策がスタートしました。それは村の移転と寄百姓《よせびやくしよう》です。寄百姓とは近世琉球の用語で、ある村で暮らす百姓の一部を他の村や地域へ移住させることです（高良 一九八三）。白保村の生存者は二十八名しかいなかったため、波照間島から四百十八名の人びとを寄百姓として迎え入れました。また、津波の被害を受けた海沿いの集落から北北西の高台に村を移転し、暮らしの再建が図られました。移転先は図２で示すウイヌムラ（上の村）の位置です。

しかし、ウイヌムラでの生活では不便が生じたようです。海沿いから村を移転して十年が経った頃に、人びとはもとの村の位置、現在の集落がある場所へ戻ったと伝承されています（石垣市 一九九四）。その移転後の井戸としてこの章で取り上げたいのが真謝井戸《マジャンガー》です。

2　真謝井戸の伝承

記録にみる真謝井戸

明和大津波より四十四年前である雍正五年（一七二七）に「八重山島諸記帳《やえやまじましょきちょう》」という調査報告書がまとめられました（石垣 二〇一七（一九八四））。この報告書は首里王府が各地域の暮らしぶりを調べるために、地方の役人に作成を命じたものです。その記録の原本は、蔵元《くらもと》という、今でいうところの役所に保管されていましたが、明和大津波により流出してしまいました。ところが、幸いにも当時の役人の記録が残されており、それを書き写したものが貴重な史料として活用されています（崎山 一九八三）。

報告書の内容は、村の聖地や冠婚葬祭、祖先の祀り方など多岐にわたっています。その中に井戸の項目が設けられており、明和大津波より前に存在していた井戸を確認することができます。

井戸の項目の部分には「井《カア》」の見出しが付されています。八重山諸島の言葉で井戸のことをカーやケーといいます。この報告書では八重山諸島にあった井戸の名称を確認することができるのです。記録をみると、当時の白保に三ヵ所の井戸が存在していたことがわかります。それは「おかは井」、真謝井戸《マジャンガー》、「ゑさんと井」という井戸です。これらの三つの井戸のうち、現存しているのは真謝井戸のみです。残りの二ヵ所は明和大津波で埋没しまい、人びとの記憶に残ることなく忘れさられてしまいました（八重山文化研究会 一九七六（一九四〇）、石垣 二〇一七（一九八四））。

真謝井戸のかたち

図3　真謝井戸

図3は現在の真謝井戸の様子です。この井戸の形態を八重山の言葉でウリカー（下り井戸）といいます。ウリカーという言葉のうち、ウリは下りる、カーは井戸を意味しており、ウリカーとは「下りる井戸」を表しています。「井戸」という言葉を聞いた人の多くは、地表面を水脈まで掘り下げて、地上から水面に釣瓶を落として水を汲む掘り井戸をイメージするかもしれません。しかし、ウリカーはそのような掘り抜きの井戸とは違う形をしています。ウリカーは水のあるところまで地面を低く掘り下げて階段などの通路を設け、人が水際まで下りていって水を汲む形をしています。人が水面から直接水汲みをするために、地表面が深く掘り下げられており、井戸の間口が広いことが特徴です。図3の中央、下の辺りに見えるのが井戸の水面まで下りるための石段です。

真謝井戸の由来

白保では、数々の真謝井戸の由来が伝承されています。まず、『八重山の明和大津波』に記されている伝承をご紹介します。

寛延三年（一七五〇）の頃、白保村から真謝村が分村した。まじゃんがあ（真謝井戸）は、当時の村人の飲料水用として掘られた井戸であるが、明和の大津波の土砂によって完全に埋没されてしまった。また当時白保、真謝両村とも津波のため潰滅したので、時の行政庁蔵元では、波照間島から強制移住せしめて白保村を再建し、真謝村は廃村となった。津波によって埋没されたまじゃんがあは一面の土砂によって、その場所さえもわからない状態であったが、琉球王の命によって視察のため来島した真謝与人《まじやゆんちゆ》が村人と協力して、再び井戸を掘る計画をたてたところ、当時の「カナバガアッパ」というつかさの小母《おば》さんが、その場所を見事に指摘したため、採掘は成功し、再び村人の用水として使われることになったという。つかさの「カナバガアッパ」の子孫は、カナガー（亀川家）として白保に現住している。井戸の採掘を計画した真謝与人は馬術の名人で、馬真謝という別名があった（牧野 一九八一）。

この話に出てくる「与人《ユンチユ》」とは役人のことです。また、「つかさ」とは神に対して祈る役割を担う女性のことです。

この真謝井戸の言い伝えは、文字による記録だけではなく、音声の記録にも残されています。沖縄国際大学名誉教授の遠藤庄治氏は、生前に三十三年間にわたって沖縄の民話や伝説の語りを収集しました。現在、その音源は沖縄県立博物館・美術館に収蔵されています。その音源の概略について、同館のホームページから調べることができます。

遠藤氏が収集した音源のうち、真謝井戸に関する語りは複数あります。その中では、牧野の記録とは違うパターンの伝承を確認することができます。

一九二二年生まれの男性による語り（記録年月日：一九九八年九月六日）

真謝主という馬乗りの名人が首里城にいた。王様は真謝主があまりにすごい人なのでどうにかしなくてはと思い競馬場に落とし穴を作って真謝主に馬に乗ってそこを走るように命じた。しかし首里城内に居た大変美人の女の人が落とし穴に印を付け、真謝主に教えた為、穴を飛び越えながら走り、助かった。王様は仕方なく真謝主を島流しにしてしまう。真謝主は白保へ政治犯として流されて来たが、白保には水が無かった。その為井戸を掘り、村人達も使えるようになった。この井戸は真謝井戸と呼ばれ、降り井戸（ウリンガー）であったため「マジャンガーニ　ウリティミズクムリイナグ　カラジクログロト　ミマユチュラサ（真謝井戸に降りて、水を汲む女、髪の毛は黒々と、目眉は美しい）」という唄もある。ところが明和の津波の際にこの井戸が埋まってしまった。すると亀川という女性が神がかりをして井戸のある場所を指示して掘らせると井戸が現れた。この亀川の子孫は水体と呼ばれ、八月の新水日には線香をあげ拝んでいる。また真謝主に祀《ママ》わる御獄もあり、話者は真謝御獄の氏子である（沖縄県立博物館・美術館ホームページ「うちなー民話のへや」）。

これら二つの伝承では、真謝与人が視察のために白保にやってきたというものと、真謝与人と同一人物だと考えられる真謝主が流罪のため白保にやってきたという違いがみられます。しかし、明和大津波以降に真謝という名の人物と関わる真謝井戸が現地の女性の助けによって探し当てられたという点は共通しています。その真謝井戸をみつけたという女性の子孫だと伝えられている家は白保に現存しており、「水元《ミズムトウ》」と呼ばれています。この水元に生まれた女性は水元のスカサとして、白保における水に関する祭祀で現在も特別な役割を担っています。

二つ目に取り上げた伝承の中には真謝井戸の歌に関する話がみられます。それは「しんだすり節」という歌です。次に、その歌の内容をみていきましょう。

しんだすり節

大正九年（一九二〇）の年末から翌年の三月にかけて、柳田國男は南島を旅しました。その旅で柳田が見聞したことは『海南小記』に収められています。その海南小記の旅の道中、柳田は八重山諸島を訪れました。その際に現地で柳田を案内したのは喜《き》舎場永珣《しゃばえいじゅん》という人物です（三木 一九八九）。その後、柳田の編集によって刊行された炉《ろ》辺叢書《へんそうしょ》というシリーズの中で、喜舎場は『八重山民謡誌』を著しました。その本の中で、真謝井戸を歌う「しんだすり節」がとりあげられています。

白保てる島や、果報ぬ、島やりば　　白保という島は、果報の島なので
真謝井戸ば後で、うやき前なし。　　真謝井戸を腰当に、富貴を前にしている
真謝井戸に、下りて、水汲むる女、　　真謝井戸に下りて、水を汲む女は

髪黒々と目眉美らさ。　　髪は黒々として、目眉の美しきことよ
與那岡に登て、押し下し見りば、　　与那岡に登って、押し下し（白保村を）見れは
稲粟ぬ、なうり、彌勒世果報。　　稲粟の稔りは弥勒世果報だ
稲粟ぬ、色や、二十歳頃乙女、　　稲粟の色は、二十歳頃の女童のように
色美らさ、あてど、御初あぎる。　　色美しくあって、御初を上げる

（喜舎場 一九七七（一九二四）・石垣 二〇一七（一九八四）、一部筆者補足）

このしんだすり節は別名を真謝節ともいい、白保を代表する民謡です。この歌では白保村の立地や人びとの美しさ、稲粟の豊かな稔りに対する喜びが表現されています。その歌の中で、真謝井戸が登場しているのです。とくに、「真謝井戸を腰当《クサディ》に」という歌詞の「腰当」という語は、幼児が親の膝に座って腰を当て、安心しきってよりかかる状態を指しており、「頼みとする」という意味です（仲松 一九九七（一九九〇）・石垣 二〇一七）。このしんだすり節からは、真謝井戸が人びとの暮らしのなかでいかに身近で重要だったのかを知ることができます。

つぎに注目したいのは、この真謝井戸に対する祭祀です。その様子をご紹介するために、まず白保の聖地とそれをめぐる組織について説明していきたいと思います。

3　白保の聖地と祭祀集団

明和大津波とユウヤマ

白保には神を祀るオン（御嶽）と呼ばれる聖地があります。オンという語はウガン（拝み）という語が変化したものです（波照間 二〇二〇）。御嶽《オン》で祀る神の性格は地域によってさまざまです。現在の白保における主立ったオンとして、タパリオン（多原御嶽）、アスコオン（波照間御嶽）、カチガラオン（嘉手苅御嶽）、マザオン（真謝御嶽）の四ヵ所があげられます。

康熙五十二年（一七一三）、首里王府によって『琉球国由来記』という書物がまとめられました。この書物の巻二一では、八重山諸島の個々の御嶽の由来が述べられています（外間 一九九七）。その記述からは、当時宮良村に含まれていた白保の中に、嘉手苅御嶽と真和謝御嶽、多原御嶽があったことが確認できます（外間 一九九七）。しかし、これらの三つの御嶽は明和大津波によって流されてしまい、村落の復興とともに現在の場所に移転しました（石垣市 一九九八）。現在みられる四つのオンのうち、波照間御嶽《アスコオン》は大津波の後に波照間島から移り住んだ人びとが故郷の神を祀るために創建した御嶽です（牧野 一九九〇）。

白保では御嶽のことをヤマともいい、明和大津波前から存在する御嶽だけではなく、波照間島にルーツを持つ人びとが祀る阿底御嶽《アスコオン》も含めた四ヵ所のオンをまとめてユウヤマ（ユウ＝四、ヤマ＝オン・御嶽、四つのオン・御嶽）とよんでいます。

御嶽の造りと飾墓御嶽

図4は嘉手苅《カチガラ》御嶽《オン》の写真です。また、図5は嘉手苅御嶽の内部の様子と真謝井戸《マジャンガー》の位置を示してい

図4　嘉手苅御嶽

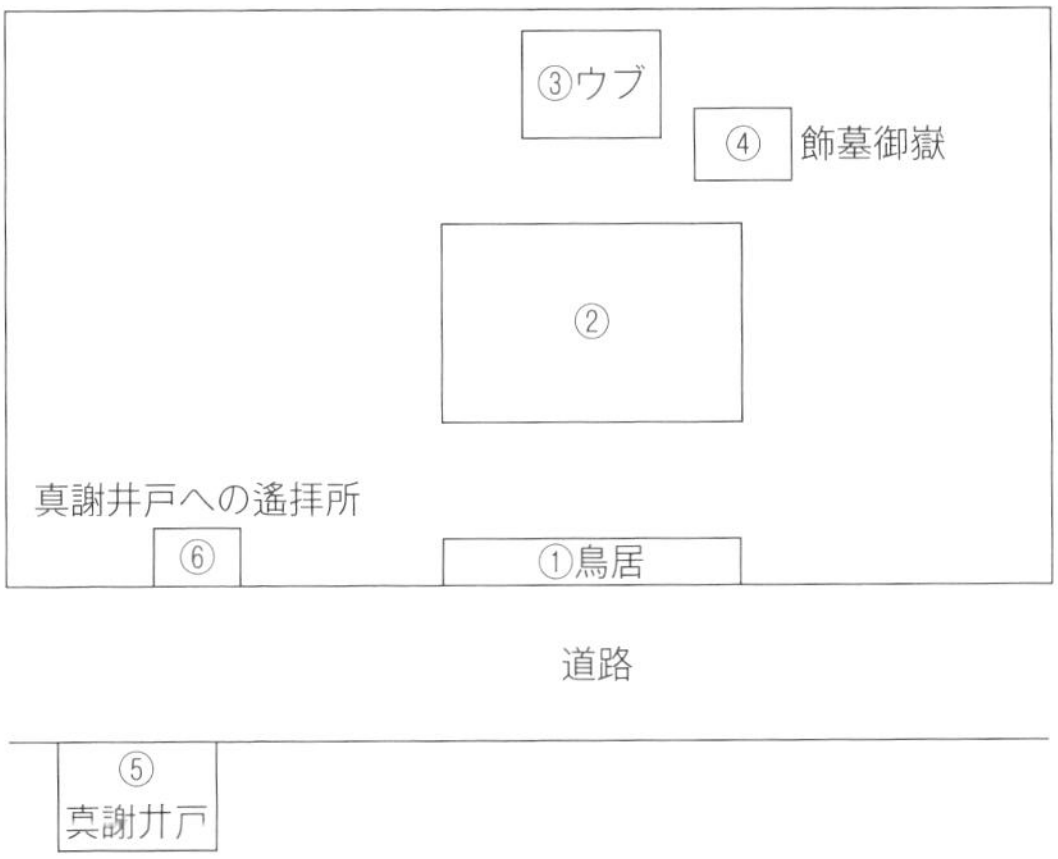

図5　嘉手苅御嶽の内部と真謝井戸の位置関係

ます。ここでは図4と図5をもとに御嶽の造りについてみていきましょう。御嶽はその周囲を石垣や樹木で囲まれています。御嶽の入り口には鳥居（図中①）があり、敷地内には香炉が設置された建物（②）があります。男性の立ち入りが許されているのはその建物までであり、さらにその奥にはウブ（③）と呼ばれる聖域があります。スカサやタカヌファとよばれる特定の女性たちのみ、ウブに入ることができます。

嘉手苅御嶽の一画にはカツァリバガオン（飾墓御嶽④）があります。この御嶽は明和大津波の後に真謝井を採掘した真謝与人《まじゃゆんちゅ》を祀る場所です（牧野　一九九〇）。かつては嘉手苅御嶽の隅に真謝与人の墓を遙拝するための碑が設けられており、「水元の神」として大切にされていました。それが、一九七一年に現在のかたちに造りかえられたそうです（牧野　一九九〇）。嘉手苅御嶽の前の通り沿いには真謝井戸（⑤）があり、カチガラオンの敷地内には真謝井戸を遙拝するための場所（⑥）が設けられています。

このように、白保の御嶽の内部をみると、真謝与人の伝承とつながる飾墓御嶽《カツアリバガオン》という聖地があり、また真謝井戸へ祈るための遙拝所があることがわかります。その真謝井戸や飾墓御嶽はどのように信仰されているのでしょうか。その様子を知るために、まず白保における御嶽祭祀集団のしくみをみていきましょう。

御嶽祭祀集団

御嶽祭祀を行う期日は白保の全ての御嶽に共通していますが、儀礼は御嶽ごとに行われています。御嶽の神を信仰し、儀礼を実行する祭祀集団が四ヵ所のオンごとにみられるのです。ここでは真謝御《マザオ》嶽《ン》を例にオンの祭祀集団がどのように形づくられているのかを説明します。

図6は真謝御嶽の祭祀集団のしくみを図式化したものです。図中の下の部分で示しているのはヤマニンズという人びとです。ヤマニンズは、御嶽（オン・ヤマ）の人びと（人衆・ニンズ）を意味しています。御嶽に所属する一般の村人のことを指しており、白保の人びとはヤマニンズのことを共通語で表現するとウジコ（氏子）であると説明します。ヤマニンズの御嶽への所属は家ごとに決まっており、白保の家々は代々決まった御嶽への所属を引き継いでいます。

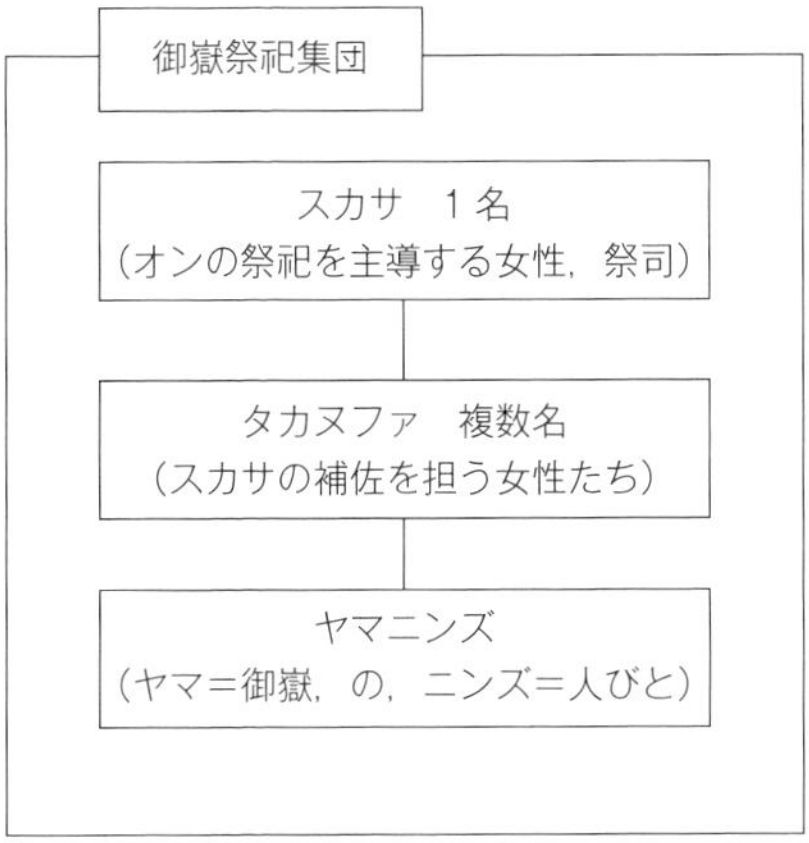

図6　真謝御嶽の祭祀集団

ヤマニンズのなかには、御嶽の祭祀を実行するための役員がいます。真謝御嶽の場合、会長と総務、北ブーサ、南ブーサという役員が各一名ずつおり、儀礼実行のための段取りや準備を行います（沖縄国際大学総合文化学部社会文化学科稲福研究室　二〇一二）。

ヤマニンズを代表して人びとのために御嶽の神へ祈りを捧げるのは、スカサという一人の女性です。奄美・沖縄では、村落祭祀において儀礼の中心的な役割を担うのが女性であることが特徴です。白保でもそれらと同じく、御嶽の神に対する祈願を行うのは女性の役割です。スカサは誰でもその役割を担えるわけではありません。御嶽ごとにスカサの継承や就任の決まりがあります。

スカサの補佐を担う、サポート役の女性たちもいます。それはタカヌファという人びとです。タカヌファとは、個人の信仰心によって自ら御嶽に願い出て御嶽に所属し、祈願を行う人びとです。このタカヌファには、人数の制限はありません。タカヌファは御嶽の祭祀においてスカサの手伝いをするとともに、自身や家族のために祈願を行います。タカヌファになるきっかけは体調不良や人生の苦難について、モノシリ（物知り）などとよばれる霊的職能者へ相談に行き、その判断から加入することが多いです。

図6にみるように、白保のオンの祭祀は、一般の村人であるヤマニンズの支えをもとに、スカサとタカヌファが宗教的に中心的な役割を担って実行されているのです。

4　真謝井戸の祭祀

御嶽祭祀

二〇一〇年（平成二十二）八月に、筆者は沖縄国際大学総合文化学部社会文化学科の稲福みき子教授担当の南島民俗学ゼミの調査実習に参加しました。その調査の成果は実習報告書にまとめられていま

表2　年間の御嶽祭祀

月	名　称	内　　容
1月（正月）	ソンガチ	年の初めに「今年も健康に過ごせますように」と願う.
4月	パクヌニンゲー	パクとはヘビのことである．パクの害がないように祈願する.
5月	インドゥミ（海留）	稲穂が実る頃に行われる．オンの神へ大雨，台風を吹かせず稲の花を守り，無事に穂に実を結ばせてくださいと拝む．この日から物忌みとして女性は海に行ってはいけない.
	ヤマドゥミ（山留）	インドゥミの期間が終わり，ヤマドゥミが始まる．ヤマドゥミの間に男性が山に行くとカミが怒ると伝えられている.
6月	オースクマ	ヤマドゥミが終わると，稲穂が完全に実を結び色づく頃になる．オースクマでは，農作物の収穫まで天気が崩れないように祈願する.
—	プーバナ	オースクマからおよそ1週間から10日頃にプーバナが行われる．米の収穫を感謝し，祈願する．この日から豊年祭の期間が始まる.
—	バンプトゥギ	豊年祭1日目．昨年の豊年祭からこの日まで，オンで願いをかけてきたので，米が収穫されたこの日に願いを解く.
—	ブープーリン	豊年祭2日目．収穫された米と粟をオンのカミに捧げる日である.
—	アラミズニン	干ばつがないよう，ミズムトゥで豊作を願う.
9月	クンゴチクニチ	菊酒や赤豆餅を備え，家庭円満や健康祈願を行う.
10月	火事よけの願い	火事が起こらないように祈願する.
—	ユーニンゲー	来年の豊作を祈願する.
—	カタバル	男性が馬に乗り村を廻る.
—	タニドゥリニンゲー	スカサを中心にオーセで稲の苗の生長を祈願する.

南島民俗学ゼミ 2010，琉球大学社会人類学研究会 1977 をもとに作成.

す。ここからの記述は、実習報告書や実習中に収集した資料をもとにしています。まず、白保における年間の御嶽祭祀についてみていきましょう。

表2は白保の御嶽祭祀を一覧にまとめたものです（沖縄国際大学総合文化学部社会文化学科稲福研究室 二〇一一、琉球大学社会人類学研究会 一九七七）。御嶽《オン》の祭祀は農作物の生長や豊作を願うものが多いです。そのため、季節ごとの作物の育ち具合に応じて祭祀が行われています。たとえば、五月から六月にかけて行われるインドゥミ（海留）とヤマドゥミ（山留）は物忌《ものいみ》を目的としています。物忌とは、ある目的のために一定の期間、行動を制限することをいいます。インドゥミとヤマドゥミの期間には、海や山に行ってはならないというタブーがありました。このタブーを守らないと、大風が吹いて農作物に害が生じる、山のカミが怒るなどと考えられていました。そのインドゥミとヤマドゥミが行われる旧暦五月頃は、稲穂が稔り始める頃です。稲穂が実を結ぶ大切な時期に、静かに過ごすことが望まれていた様子をインドゥミ（海留）とヤマドゥミ（山留）から知ることができるのです。このように、御嶽の祭祀は農作物の生長や人びとの生活の安定を願うものであることがわかります。

そのような御嶽祭祀のなかで、年に二回、真謝与人や真謝井戸《マジャンガー》への祈願が行われています。一つ目は旧暦六月に行われるブープーリン、二つ目は旧暦八月に行われるアラミズニンゲです。

アラミズニンゲ

二〇一〇年にアラミズニンゲの儀礼を観察することができました。この儀礼では、白保の公民館役員、水元《ミズムトゥ》のスカサ、各御嶽のスカサによって水の祈願が行われました。祈りの内容は「干魃がありませんように。作物が豊かに実りますように」というものです。

アラミズニンゲは八月最初の「水の日」に行われます。白保では十干十二支のうち、壬《みずのえ》にあたる日を「水の日」であると考えられています。二〇一〇年の八月最初の壬の日は九月九日でした。

儀礼の準備は儀礼当日の前から進められました。アラミズニンゲ四日前の九月五日に、公民館長をはじめとした役員の男性たちが午前中から海に出かけ、供え物の材料であるイミジナーという海藻を採りに行きました。アラミズニンゲでは、マーガリスーという和え物が供えられます。マーガリスーは海藻や薬草を刻んで茹で、味噌やニンニク、鷹の爪やピーナッツバターなどで味付けをして和えたものです。公民館役員の人びとは海藻以外にも薬草の葉を茎から摘む作業などを行い、供物作りの準備を進めていました。

図７　真謝井戸での祈願

儀礼前日の八日には、白保婦人会や公民館役員が集まって、マーガリスー（和え物）作りの準備が行われました。パパイヤの皮をむいて種を取る作業や、薬草やニンニクを包丁で刻む、祈願に必要な道具を揃えるなどの下準備が行われました。

マーガリスーの仕上げは儀礼当日に水元で行わ

図８　飾墓御嶽での祈願

れました。茹でて水気を切った材料に和えごろもを入れて混ぜ合わせ、器に盛り付ける作業などが行われました。水元には水元の長女である水元のスカサ、真謝御嶽《マザオン》と阿底御嶽《アスコオン》のスカサも集まり、準備を行っていました。午前中のうちに準備が整えられ、水元のスカサによる出発前の祈願が行われました。

正午前に水元のスカサや公民館役員たちが飾墓御嶽《カツアリバガオン》に到着し、清掃や供物の準備を進めていました。その間に各オンのスカサたちが飾墓御嶽に参集し、祈願の準備に加わります。その一方で、真謝御嶽のスカサは真謝井戸に向かい、井戸の祈願を行いました（図7）。

真謝井戸での祈願の後、スカサたちは水元を祀る飾墓御嶽で祈りを捧げました（図8）。その儀礼において中心的な役割を担っていたのは水元のスカサです。祈願のあと、供え物の御神酒やマーガリスーを一同で押し戴き、共食の場面となります。その後、嘉手苅御嶽の中にある遙拝所に移動し真謝井戸への祈願を行いました。それらの祈願を終えると一同は水元へ移動しました。水元では仏壇で水元の祖先へ祈願し、床の間では水元の家の神へ干魃がないように、作物が豊作でありますようにとの祈りが捧げられました。そして、最後にオーセに移動しました。

オーセとは、首里王府時代の村番所のことです。オーセでの祈願を終えて、アラミズニンゲの全ての儀礼が終了しました。

明和八年（一七七一）、白保は明和大津波によって大きな被害を受けました。その被害からの復興の中で発見されたという真謝井戸の伝承が今に伝えられています。さらに、その真謝井戸を見つけた女性の家が現存し水元とよばれ、真謝与人の伝承とつながる飾墓御嶽という聖地も存在しています。加えて、旧暦九月の最初の水の日には村の役員やユウヤマのスカサ、そしてミズムトゥのスカサが真謝井戸に対して水に感謝し、人びとが幸福に暮らせるようにと祈願を行っているのです。このように、白保では明和大津波から二五〇年以上が経った今日においても、人びとの暮らしを支えた井戸の記憶が伝承されており、信仰の対象となっています。

参考文献

石垣　繁「白保の「真謝井戸」に関する一考察」『八重山諸島の稲作儀礼と民俗』南山舎、二〇一七年（初出一九八四年）
石垣市総務部市史編集室編『石垣市史』各論編民俗上、石垣市役所、一九九四年
石垣市総務部市史編集室編『石垣市史叢書一二　大波之時各村之形行書・大波寄揚候次第』石垣市役所、一九九八年
沖縄県教育庁文化財課編『みんなの文化財図鑑　埋蔵文化財編』沖縄県教育委員会、二〇一九年
沖縄国際大学総合文化学部社会文化学科稲福研究室編『民俗研究』三九号、二〇一一年

喜舎場永珣編『八重山島民謡誌』（炉辺叢書）、名著出版、一九七七年（一九二四年初刊）
崎山　直「『八重山島諸記帳』」『沖縄大百科事典』下、沖縄タイムス社、一九八三年
島袋綾乃「八重山諸島における津波遡上高と挙動」後藤和久編『最新科学が明かす明和大津波』南山舎、二〇二〇年
高良倉吉「寄百姓」『沖縄大百科事典』下、沖縄タイムス社、一九八三年
得能壽美「古文書から読む「明和津波」―情報の収集と伝達を中心に―」『亜熱帯研究の総合的推進のための研究可能性の調査』亜熱帯総合研究所、二〇〇〇年
得能壽美「明和大津波の被害概要と復旧・復興」後藤和久編『最新科学が明かす明和大津波』南山舎、二〇二〇年
仲松弥秀『神と村』梟社、一九九七年（初出一九九〇年）
波照間永吉「八重山諸島の御嶽と祭場」『沖縄県史』各論編九民俗、沖縄県、二〇二〇年
外間守善編『定本琉球国由来記』角川書店、一九九七年
牧野　清『改訂増補　八重山の明和大津波』私家版、一九八一年
牧野　清『八重山のお嶽』あ～まん企画、一九九〇年
三木　健『八重山研究の人』ニライ社、一九八九年
八重山文化研究会『南島』第一輯（八重山特輯）、一九七六年（一九四〇年初刊）
琉球大学社会人類学研究会編『白保―八重山白保村落調査報告―』根元書房、一九七七年

あとがき

本書は、国立歴史民俗博物館（以下、歴博）の基幹研究「水と人間の日本列島史」（二〇一九〜二二年度）における、考古学、歴史学、民俗学の三学協業の実践例として、その成果の一部を紹介するものです。この基幹研究は、一つは「水をめぐる認知と技術と社会の連環からみた日本列島の歴史過程と文化形成」（代表：松木武彦）、もう一つは「水をめぐる生活世界―実用と信仰の視点から―」（代表：関沢まゆみ）という二つの班から構成されました。前者では、主に「社会と水」という視点で通史的な検討を行ない、後者では、「生活と水と信仰」及び「水に取り組んだ人物の顕彰と記憶」をテーマに、具体的な事例の分析を通しての研究を試みました。

そして、水と人の関係について、生物学的な意味での生存のために人びとが工夫してきた水利用の技術と歴史があること、その一方では、くり返し起こる洪水など人間が自由にはできない水の世界（自然の脅威、災害）があるということにも注目しました。水をめぐる精神性、心理的かつ象徴的な意味づけの面に注目すると、水をめぐる信仰の蓄積があることもわかります。

古墳の築造と水の利用（松木）、古代の王権と水の儀礼（仁藤）、水資源確保のためのため池の造成と修理の記録と記憶（三上）、本土の神社や沖縄の御嶽の立地と水源・水流の関係（新谷・神谷・阿利）、水の世界に富の源泉を空想する神話と昔話の伝える心意（津金）など、水と人の歴史をたどると、過去の遺物や文献記録とともに、現在まで伝えられている民俗にも共通する多様な歴史情報があることがわかりました。

また、都市の開発は河川の大規模氾濫への対処として人間の知恵と工夫によってなされたこと（南）、災害をもたらす洪水もそれが肥沃な土壌の沖積とその活用による水田稲作の発達につながること（井上）、洪水や水害の逆利用という伝承が歴史を通してみられること（関沢）、古代の宮廷や近世の城下町においても池亭の景観と水の利用が重要であったこと（林部・万城）などが指摘されました。

考古学、歴史学、民俗学という三つの学問の間には、研究対象の共通性だけでなく分析視点の共有も可能であることがわかってきました。考古学は遺跡や遺物から確実な過去の世界を明らかにしていきます。歴史学は文献記録から過去の世界を明らかにしていきます。民俗学は現在までの生活伝承の中に過去の世界からの情報を読み取りながら、何が変わり何が伝えられているかを明らかにしていきます。その三つの学問がたがいにそれぞれの分析視点と分析技法とを活用していくことによって、より広義の歴史科学としての豊かな学問世界の開拓へという可能性が広がっているといえるでしょう。

本書は、小さな一つの試みですが学際協業が意義あるものになるようにと、水と人の関係史という視点から取り組んでみたものです。

最後になりますが、本書の企画、編集、刊行については、吉川弘文館編集部の石津輝真氏にお世話になりました。編集の実務は、若山嘉秀氏にご担当いただきました。厚く御礼を申し上げます。

二〇二四年五月二十三日

関沢まゆみ

執筆者紹介（生年／現職）

＊執筆順

井上智博　いのうえ ともひろ　一九六八年／大阪府文化財センター主査
松木武彦　まつぎ たけひこ　↓別掲
南　秀雄　みなみ ひでお　一九五九年／大阪市文化財協会理事兼事務局次長
林部　均　はやしべ ひとし　一九六〇年／国立歴史民俗博物館教授・総合研究大学院大学教授
三上喜孝　みかみ よしたか　一九六九年／国立歴史民俗博物館教授・総合研究大学院大学教授
万城あき　まんじょう あき　一九六二年／岡山県郷土文化財団主任研究員
神谷智昭　かみや ともあき　一九七五年／琉球大学国際地域創造学部准教授
仁藤敦史　にとう あつし　一九六〇年／国立歴史民俗博物館教授・総合研究大学院大学教授
新谷尚紀　しんたに たかのり　一九四八年／国立歴史民俗博物館名誉教授・総合研究大学院大学名誉教授
関沢まゆみ　せきざわ まゆみ　↓別掲
津金澪乃　つがね みおの　一九九六年／國學院大學大学院特別研究生
阿利よし乃　ありよしの　一九八四年／沖縄国際大学総合文化学部講師

編者略歴

松木武彦

一九六一年　愛媛県に生まれる
一九九〇年　大阪大学大学院文学研究科博士課程単位取得退学
現在　国立歴史民俗博物館教授・総合研究大学院大学教授、博士（文学）

〔主要著書〕
『列島創世記』（「全集日本の歴史」一）、小学館、二〇〇七年
『美の考古学―古代人は何に魅せられてきたか―』新潮社、二〇一六年

関沢まゆみ

一九六四年　栃木県に生まれる
一九八八年　筑波大学大学院地域研究研究科修士課程修了
現在　国立歴史民俗博物館教授・総合研究大学院大学教授、博士（文学）

〔主要編著書〕
『宮座と墓制の歴史民俗』吉川弘文館、二〇〇五年
『民俗学が読み解く葬儀と墓の変化』（編著、「国立歴史民俗博物館研究叢書」二）朝倉書店、二〇一七年

水と人の列島史

農耕・都市・信仰

二〇二四年（令和六）九月一日　第一刷発行

編　者　松《まつ》木《ぎ》武《たけ》彦《ひこ》
　　　　関《せき》沢《ざわ》まゆみ

発行者　吉川道郎

発行所　株式会社 吉川弘文館
郵便番号一一三―〇〇三三
東京都文京区本郷七丁目二番八号
電話〇三―三八一三―九一五一〈代表〉
振替口座〇〇一〇〇―五―二四四番
https://www.yoshikawa-k.co.jp/

印刷＝株式会社 精興社
製本＝株式会社 ブックアート
装幀＝黒瀬章夫

ISBN978-4-642-08456-7

わくわく！探険

れきはく日本の歴史　全5巻

国立歴史民俗博物館編　Ａ５判・平均八六頁

各巻一〇〇〇円　全５巻セット（箱入）五〇〇〇円

小中学生が日本の歴史と文化を楽しく学べる新しいシリーズ。「れきはく」で知られる国立歴史民俗博物館が確かな内容をやさしく解説。展示をもとにしたストーリー性重視の構成で読みやすく、ジオラマや復元模型、さまざまな道具など、各時代の人びとが身近に感じられる図版も満載。展示ガイドにも最適な、子どもから大人まで楽しめる「紙上博物館」！

〈全５巻の構成〉

①先史・古代

②中　世

③近　世

④近代・現代

⑤民　俗

（価格は税別）

吉川弘文館